Karin Actun

ulmer

# HUNDEN ORIENTIERUNG GEBEN

Wie eine entspannte Mensch-Hund-Beziehung gelingt

**EXTRA: Videos der Autorin**
Im Buch abgebildete QR-Codes einscannen oder die genannten URLs in einen Browser eingeben.

## DIE WIRKSAMKEIT DER KOMMUNIKATION ERHÖHEN 53



## DAS MITEINANDER UMGESTALTEN 79

## PRAXIS: DIE ÜBUNGEN

### *Mental-Übungen*



### *Körpersprachliche Übungen*

# Ein Wort zuvor

Die Herausforderungen, mit denen Hundehalter zu mir ins Coaching kommen, sind zwar unterschiedlicher Natur, jedoch haben sie einen gemeinsamen Hintergrund: Der Halter kann den Hund in ablenkungsstarken Situationen nur schwer oder gar nicht lenken. Bei dem einen geht es beispielsweise um das unerwünschte Jagen, bei dem anderen sind es die Hundebegegnungen, die das Spazierengehen zum Spießrutenlauf werden lassen. Oft werden mir auch Hunde als ängstlich vorgestellt, und der Halter wünscht sich, seinem Hund mehr Sicherheit geben zu können.

Das Ziel meiner Arbeit liegt darin, die Orientierung am Halter zu fördern. Denn ein Hund, der sich auf seinen Halter verlassen kann und bestimmte Situationen nicht selbst regeln muss, kann entspannt an der

Seite seines Menschen durchs Leben gehen. Ich möchte Ihnen in diesem Buch einen Weg aufzeigen, wie Sie gemeinsam mit Ihrem Hund dieses Ziel erreichen können.

Die Umgestaltung Ihrer Mensch-Hund-Beziehung sollten Sie dabei als einen Prozess verstehen, in dem mehrere Faktoren wirken. Hierbei sind Sie gefragt, denn die beiden wichtigsten Faktoren, Ihre innere Haltung und die körpersprachliche Kommunikation mit dem Hund, entscheiden darüber, ob die Umgestaltung des Miteinanders gelingt. Allein das Aufstellen von mehr Regeln im Zusammenleben mit dem Vierbeiner reicht nicht aus, um Ihre Mensch-Hund-Beziehung grundlegend zu ändern. Vielmehr fängt die Beziehungsumgestaltung bei Ihnen persönlich und dem Raum an, dem Sie sich selbst geben. Erst wenn Sie Ihren ganz persönlichen Weg selbstbestimmt gehen, können Sie auch bestimmte Situationen für den Hund so regeln, dass er zu dem souveränen Hund werden kann, wie Sie es sich wünschen.

In meinem Buch „Dein Hund braucht dich!“ habe ich ausführlich die theoretischen Grundlagen für die Beziehungsumgestaltung beschrieben, so auch die Themen Spiel und Wir-Zeit – beides elementare Bausteine. In diesem Buch liegt mein Augenmerk vor allem auf der praktischen Beziehungsarbeit mit Übungen sowohl nur für Sie als auch für sie beide als Team.

Ich wünsche Ihnen viel Freude beim Lesen und Umsetzen der einzelnen Tipps und Übungen.

*Ihre Karin Actun*

Karin Actun mit Monty und Bryce – die beiden Hunde haben einen wichtigen Beitrag zur Entstehung dieses Buches beigesteuert.

# DER WEG ZUM ENTSPANNTEN MITEINANDER

# Die entspannte Mensch-Hund-Beziehung

*Es gibt sicherlich kaum einen Hundehalter, der es sich für seine Mensch-Hund-Beziehung nicht wünscht: ein entspanntes Miteinander im Team. Das braucht aber kein Wunschgedanke zu bleiben …*

Wer kennt es nicht, man ist mit seinem Hund in der Natur unterwegs und urplötzlich ist es mit der Entspannung vorbei: Der Vierbeiner hat einen Reiz entdeckt und setzt sich auf eigene Faust mit ihm auseinander. Das Zusammenleben mit einem Hund, der mental sofort beim Außenreiz ist und eventuell auch gar nicht mehr vom Halter ansprechbar ist, sobald er den Außenreiz wahrgenommen hat, ist alles andere als entspannt.

Was macht denn aber eine entspannte Mensch-Hund-Beziehung aus? Der Schlüssel zum entspannten Miteinander liegt darin, dass der Hund den mentalen Kontakt zum Halter hält. Hierfür ist es oftmals notwendig, das Miteinander neu zu gestalten und sozusagen mit dem Hund zu klären, worum er sich kümmern soll und worum sich der Halter kümmert. Wir Hundehalter vergessen aber oft, Aufgabenbereiche zu vergeben – je nachdem, wie es um die Kompetenzen des Hundes bestellt ist, bzw. wie es für das Miteinander am sinnvollsten ist.

Vielleicht ist Ihr Hund ein begnadeter Hasenjäger. Jedoch ist es recht gefährlich, wenn Sie dem Hund solch eine Aufgabe überlassen, ohne, dass er sich dabei mit Ihnen „abspricht". Für ein entspanntes Miteinander wäre es in diesem Falle hilfreicher, sein Jagdverhalten auf einen Hasendummy umzuleiten. An der Beziehung zu arbeiten bedeutet, sich für ein „Wir" einzusetzen, dabei die Bedürfnisse des Hundes zu achten und Entscheidungen zum Wohl eines entspannten Miteinanders zu treffen. Und wenn auch eine Beziehungsumgestaltung mit Arbeit verbunden ist, Sie beide gewinnen an Lebensqualität, wenn Sie sich gegenseitig aufeinander verlassen können. Mit der richtigen Einstellung macht es auch Spaß, denn es geht gar nicht darum, dem Hund etwas zu verbieten, was ihm Freunde bereitet, sondern darum, ein gemeinsames „Wir" herauszuarbeiten.

Um die Elemente, die Bestandteile einer entspannten Mensch-Hund-Beziehung sind, geht es in den folgenden Kapiteln.

## Gemeinsam unterwegs sein

Die Zeit der Spaziergänge sollte ganz Ihnen und Ihrem Hund gehören. Gönnen Sie sich eine Auszeit von Ihrem „Tagesgeschäft" und seien Sie nicht auch noch während des Spaziergangs mit Ihrem Vierbeiner in den Gedanken bei dem, was bei Ihnen an Erledigungen ansteht oder was Sie aktuell beschäftigt. Ihr Hund kann sich nicht an Ihnen orientieren, wenn Sie mit Ihren Gedanken woanders sind. Gemeinsam unterwegs zu sein heißt vielmehr, dass Sie diese Zeit auch für Ihre eigene Entspannung und für die Beziehungsumgestaltung mit Ihrem Hund nutzen. Ich treffe leider sehr selten Hundehalter, die wirklich so mit ihrem Vierbeiner unterwegs und praktisch durch eine mentale Leine miteinander verbunden sind – dabei entgeht ihnen ein wunderbares „Gespräch" mit ihrem eigenen Hund. Denn mental beim Hund zu sein, bedeutet ein Gespräch mit ihm zu führen. Und in einem guten Gespräch braucht es schließlich eine Balance zwischen Zuhören und Reden.

Möchten Sie Ihre Mensch-Hund-Beziehung verändern, sind Sie bei dem gemeinsamen Spaziergang gefragt: Überlassen Sie Ihren Hund

Tarek hat den Hasen im Visier und ist auf und davon.

Zwei, die zusammen im Gespräch sind.

Bryce und ich genießen die Nähe – kurz gemeinsam „abschalten“ tut Mensch und Hund gut.

nicht sich selbst, sondern laden Sie ihn auch zu gemeinsamen Aktionen ein. Lassen Sie ihn hin und wieder ein Spielzeug suchen, toben Sie hier und dort mit ihm und geben Sie ihm auch Aufgaben, wie beispielsweise an einer bestimmten Stelle zu warten oder an Ihrer Seite zu laufen. Dabei sollte der gemeinsame Spaziergang den Erregungslevel des Hundes nicht ständig nach oben schnellen lassen, etwa durch ständiges Ball werfen. Bauen Sie besser kurze Aktionsphasen in den Spaziergang ein, in denen Ihr Hund eine Aufgabe bekommt, bzw. hin und wieder mit Ihnen gemeinsam einer freudigen Aktion nachgeht. Und nicht zu vergessen sind die Phasen der Entspannung: Gehen Sie beispielsweise auch einfach nur gemeinsam mit Ihrem Hund und genießen Sie während einer kurzen Pause beidseitige Nähe.

## Meine Erfahrung

Mein größter Lehrmeister in Bezug auf das Thema „einen Zugang zum Hund finden“, war mein Hund Ben: ein ehemaliger Streuner aus Polen, ein Hund, der vor lauter Energie nur so strotzte. Sobald ich die Haustüre öffnete, um mit ihm gemeinsam rauszugehen, war ich bei ihm regelrecht abgeschrieben. Ben hatte draußen Wichtigeres zu tun, als mit mir Kontakt zu halten. Doch eines Tages fand ich über das gemeinsame Spiel einen Zugang zu ihm und erst da wurde mir bewusst, dass er aus einer Unterforderung heraus sich seine Aufgaben selbst im Außen suchte. Daraufhin durchforstete ich das Internet nach einem geeigneten Hobby für

Auf Bryce kann ich mich verlassen – sie wartet entspannt auf der Ruhedecke, während ich mit Monty spiele.

ihn, das als Ventil für seine Energie dienen sollte. Ich entdeckte den Hundefrisbee-Sport und das war genau sein Ding. Ben liebte es, die Frisbees zu jagen und wir wurden durch dieses gemeinsame Hobby zu einem unschlagbaren Team. Und das nicht nur, weil er ein unglaublich talentierter Frisbeehund war, sondern weil wir auch als Team wirklich zusammengearbeitet haben. Denn ich musste früh lernen, Regeln in das Spiel mit Ben und der Scheibe einzubauen, um keine Blessuren von seinen Zähnen an den Händen zu bekommen. Diese Abstimmung im Spiel macht den großen Unterschied, ob ein Hund nur ein Objekt erhaschen möchte und dabei schnell zum Junkie werden kann, oder ob er sein tun mit dem Menschen abstimmt, was der Beziehung auch in andere Situationen guttut. Zwei Jahre nachdem ich mit Ben den Hundefrisbee-Sport entdeckte, wurden wir Hundefrisbee-Vizeweltmeister und im Jahr darauf Weltmeister. Aber wir haben nicht nur das zusammen erreicht. Durch den Sport gelang es mir, Bens unglaublichen Jagdtrieb zu kanalisieren und das, obwohl er einige Male Erfolg darin hatte, Hasen zu erlegen, bevor wir den Hundefrisbee-Sport für uns entdeckten. Somit fördert Hundefrisbee den Jagdtrieb nicht, sondern kann ihn wunderbar umlenken – wenn der Sport mit Regeln betrieben wird.

## *Sich aufeinander einlassen*

Damit Mensch und Hund zu einem aufeinander abgestimmten Team werden können, ist es unabdingbar, dass der Halter das Miteinander regelt. Dazu gehört, dem Hund nicht alles zu erlauben und ihm Grenzen aufzuzeigen: Nur dann kann ein respektvolles Miteinander entstehen.

Deutlich wird dies mit folgendem Beispiel: Vermutlich hat jeder schon einmal einen Hund gesehen, der offensichtlich von sich aus sein Tempo dem des Halters angepasst hat. Ein paar Straßen von mit entfernt wohnt ein älterer Herr mit einem Dackel. Der Herr geht so langsam, dass der Dackel alle paar Schritte stehen bleiben und auf seinen Halter warten muss, damit er nicht an der Leine zieht. Und seine Leine hängt die ganze Zeit durch – ohne dass der Halter in irgendeiner Weise vom Hund einfordert, dass er immer wieder stehen bleiben soll. Es berührt mich immer wieder tief, wenn ich die beiden sehe – die beiden sind ein echtes Team, weil sie sich aufeinander eingestellt haben. Mir wird in dem Moment auch immer klar, was ein echtes Team doch ausmacht: sich aus sozialen Gründen auch einmal zurückzunehmen. Sicherlich fällt es einem älteren Dackel leichter, seine Gehgeschwindigkeit zu drosseln, als einem jungen Border Collie, aber ich bin mir sicher, dass der Dackel, wenn ihn jemand anderes ausführen würde,

Monty nimmt sich zurück – auch ein junger Hund kann das!

eine wesentlich schnellere Geschwindigkeit an den Tag legen würde. Doch oft ist es so, dass uns Hundehaltern jede Menge Ausreden einfallen, warum unser Hund sich in bestimmten Situationen nicht zurücknehmen kann: Entweder ist er zu jung, zu alt oder seine Rasse verbietet es ihm – das sind zumindest die häufigsten Aussagen meiner Kunden.

Bei der Gestaltung eines entspannten Miteinanders geht es nicht nur darum, dass wir einen Schritt auf den Hund zugehen sollten, sein Sozialverhalten verstehen müssen und ihm Bewegung, Nähe und eine Aufgabe geben sollten, sondern es gilt auch, vom Hund einzufordern, sich in bestimmten Bereichen zurückzunehmen. Dann macht das Miteinander Spaß, weil nicht nur das Wohlergehen eines Sozialpartners zählt. Hunde sind wahre Meister darin, sich anzupassen. Sie können dies jedoch nur, wenn wir zudem lernen, klar mit ihnen zu kommunizieren.

***Auch Sie sind wichtig!***

*Ein entspanntes Miteinander braucht eine Balance aus den Bereichen „Ich“ und „Du“. Steht jedoch der Hund jederzeit im Mittelpunkt des Geschehens und stellt der Mensch sich an den Rand der Beziehung, ist diese Balance nicht gegeben. Es gilt somit, an einem gemeinsamen „Wir“ zu arbeiten.*

## Meine Erfahrung

Was es heißt, sich aufeinander einzulassen und somit auch die Auseinandersetzungen zu Gunsten eines entspannteren Miteinanders nicht zu scheuen, zeigte mir vor vielen Jahren meine Aussie-Hündin Kira, die einige Zeit nach Ben bei uns vierjährig einzog. Sie löste ein langwieriges Problem, das ich mit Ben hatte, von jetzt auf gleich: Er verwandelte sich in eine bellende Staubwolke, wenn er Schäferhunde erblickte. Doch Kira brach dieses unerwünschte Verhalten in Sekundenschnelle ab, noch als Ben dabei war, sich aufzubauen und bevor er losstürmten konnte. Ich war erstaunt, beobachten zu können, wie ihr Verhalten, einfach vor Ben zu springen und sich ihn in den Weg zu stellen, das Problem löste. Heute weiß ich, dass nicht die Abbruchhandlung an sich die Lösung des Problems war.

Eine Abbruchhandlung kommuniziert dem anderen, dass er sich nicht mit dem „Reiz" auseinanderzusetzen braucht, weil dies in den Zuständigkeitsbereich eines anderen fällt. Man kann es damit vergleichen, wie wenn Ihnen jemand sagt, dass er Ihre Steuererklärung übernimmt. Dann brauchen Sie sich ja nicht damit rumzuärgern. Jedoch würden Sie sich nur darauf einlassen, wenn der, der diese Aufgabe übernehmen möchte, auch die entsprechenden Fähigkeiten hat. Somit gehört zu einer Regelung des Miteinanders auch die dazugehörige Kompetenz.

Ben konnte seitdem entspannt an Schäferhunden vorbeigehen, weil die souveräne Kira nun an seiner Seite war. Ich hingegen regte mich bisher immer innerlich über sein „böses" Verhalten auf und konnte dadurch gar nicht der Fels in der Brandung sein, den er brauchte.

# *Kontakt halten fördern*

Der Schlüssel zum entspannten Miteinander liegt, wie zu Beginn bereits erwähnt, somit in einem gemeinsamen „Wir". Ist dem Hund jedoch zum Beispiel jedes Mäuseloch auf der Wiese wichtiger, als den Kontakt zu seinem Halter zu halten, dann steht es darum nicht so gut. Doch viele Hundehalter nehmen das Verhalten des Hundes einfach hin. Getreu dem Motto „Mein Hund ist halt so, wie er nun einmal ist". Das ist mit folgender Situation vergleichbar: Eine Mutter lässt ihr Kind die ganze Nacht Fernsehen schauen und antwortet dann in der Schule auf die Frage, warum das Kind im Unterricht immer einschläft: „Mein Kind hat halt andere Interessen."

Entscheidet der Hund beispielsweise auf eigene Faust, längere Zeit auf dem Feld zu schnüffeln und der Halter steht die ganze Zeit daneben und schaut dem Treiben seines Vierbeiners nur zu, ist das nicht

Jeder Hund sollte einem Hobby nachgehen können, das ihm Spaß macht!

förderlich für ein optimales „Wir“. Dabei geht es nicht darum, generell beispielsweise ein Schnüffeln des Hundes zu verbieten, sondern ihn nicht einfach Hals über Kopf zu einem Außenreiz hinstürmen zu lassen, ohne dass er sich zuvor mit seinem Menschen abstimmt. (Wie Sie unerwünschte Verhaltensweisen abbrechen, lesen Sie ab Seite 68.) Stimmt die Situation und ist der Hund mental bei seinem Halter, spricht nichts dagegen, gemeinsam zu schnüffeln. Dabei meine ich mit „gemeinsam schnüffeln“ nicht, dass Sie auf allen Vieren am Boden kriechen und so tun sollten, als ob Sie schnüffeln, sondern eher, dass Sie gemeinsame Aktionen mit Ihrem Hund unternehmen. Schnüffelt Ihr Hund gern? Dann verstecken Sie doch ein Spielzeug, lassen Sie Ihren Vierbeiner dieses suchen und bringen Sie sich mit ein. Für eine gute Teamarbeit braucht es auch einen Teamleader – und der sollten Sie sein.

Machen Sie sich dafür stark, dass es gemeinsame Interaktionen zwischen Ihnen und Ihrem Hund gibt. Und wie in jeder Beziehung gilt: Gibt es keine gemeinsame Schnittmenge, weil sich die Partner nicht mit einbringen und jeder nur seinen Interessen nachgeht, steht es um das „Wir“ nicht besonders gut. Für ein echtes „Wir“ braucht es ein ernsthaftes Interesse, sich für ein gutes Zusammenleben einzusetzen.

## *Prioritäten setzen*

Stellen wir uns immer wieder die Frage, ob ein Verhalten des Hundes für unsere Beziehung förderlich ist oder nicht und richten uns nicht nur danach, was der Hund oder andere Menschen von uns wollen, sind wir dabei, uns optimal für die Beziehung einzusetzen. Damit meine ich, Grenzen zum Wohle des Hundes und der Beziehung zu setzen – anderen sowie unserem eigenen Vierbeiner gegenüber. Das ist notwendig, wenn wir uns wirklich eine Beziehung zu unserem Hund wünschen, in der wir mit ihm in einem optimalen Kontakt sind und nicht er mit anderen Umweltreizen.

Zur Verdeutlichung zwei Beispiele: Ein anderer Spaziergänger möchte Ihrem Hund ein Leckerchen geben. Lassen Sie das zu? Wenn ja, müssen Sie auch in Kauf nehmen, dass Ihr Hund dann zu anderen

Spaziergängern hinlaufen könnte, da er ja die Erfahrung gemacht hat, dass es draußen bei anderen Menschen Futter gibt. Da stellt sich die Frage, ob es für die Mensch-Hund-Beziehung so gut ist, wenn der Vierbeiner in anderen Menschen einen Futterautomaten sieht. Oder Ihr Hund bekommt beispielsweise in jedem Geschäft, indem Sie Ihren Hund entspannt mit sich führen wollen, einen Futterbrocken. Auch hier lautet die Frage: Welchen Vorteil hat es für Ihre Mensch-Hund-Beziehung, wenn Ihr Hund sich gegenüber einer Verkäuferin in einem Geschäft stürmisch verhält, weil sie gerade dabei ist, eine Hundekeksdose zu öffnen, Sie dem bunten Treiben zuschauen und es nicht übers Herz bringen, sie darum zu bitten, Ihren Hund nicht zu füttern bzw. Sie es nicht übers Herz bringen, Ihrem Hund zu verbieten, von anderen Menschen Futter anzunehmen?

## Meine Erfahrung

Als mein heutiger Zweithund Monty vier Monate alt war (Ben und Kira waren bereits verstorben, als der Mini-Aussie bei Bryce und mir einzog), hatte ich mich mit einer Freundin und ihren vier Hunden zum Spaziergang verabredet. Irgendwann machten wir eine Pause an einer Parkbank und die Freundin holte eine Tüte mit Leckerchen mit den Worten raus: „Ich muss meinen Hunden nun ein Leckerchen geben." Sie deutete dabei auf meinen Junghund Monty. Ich zuckte mit den Achsen und meinte: „Kein Problem, da muss er durch." Bisher hatte ich eine solche Situation nicht, dass eine Hundegruppe neben Monty gefüttert wird, deshalb beobachtete ich ihn, um schnell genug verhindern zu können, dass er beim Anblick des Futters in die Hunde meiner Freundin reinsprang. Monty blickte jedoch noch nicht einmal zu der Freundin hin und bewegte sich auch nicht in Richtung knisternder Tüte. Monty blieb mental im Kontakt mit mir, auch als die Hunde neben ihm ihre Leckerchen bekamen. Nicht, weil er so gut erzogen ist, sondern weil er es einfach nicht kannte, dass draußen Futter verteilt wird – so musste ich gar kein aufdringliches Verhalten von ihm abbrechen.

Monty ist mein erster Hund, der bisher noch keine Futterbelohnung von mir bekommen hat und so wird es auch bleiben! Für mich macht es keinen Sinn, dem Hund an einer Parkbank einfach nur so Futter zu geben. Es ist dann lediglich eine menschliche Geste von „Ich mag dich" – wir Menschen zeigen unsere Zuneigung gerne, indem wir anderen Nahrung anbieten –, dies trägt aber nicht direkt zu mehr Verbundenheit bei. Der Hund braucht kein Leckerchen, um zu erfahren, dass wir ihn mögen. Hunde zeigen sich ihre Zuneigung, indem sie füreinander da sind. Vielleicht ist das auch etwas, dass wir von Hunden für unsere zwischenmenschlichen Beziehungen lernen können – dem anderen ein Ohr zu geben ist oft wohltuender, als ihm ein Stück Kuchen zu reichen. Was nicht ausschließt, beides in zwischenmenschlichen Beziehungen kombinieren zu können ☺. Auf den Hund übertragen bedeutet das, dass eine gemeinsame Aktion, die ihm Freude bereitet, wie beispielweise gemeinsam kurz über die Wiese zu sprinten, für das Miteinander bedeutsamer ist als ein Einfach-so-Leckerchen.

Monty interessiert sich deutlich für die Wurst auf dem Boden.

Häufig scheitern Hundehalter genau dann an der Grenzsetzung, wenn sie dabei auch anderen Menschen Grenzen setzten müssen. Werfen andere Spaziergänger Ihrem Hund einen Ball oder geben ihm andere Menschen Futter, kann das unter Umständen dazu führen, je nachdem wie wichtig Futter oder Spielzeug für Ihren Hund ist, dass er Sie öfter links liegen lässt, als es Ihnen lieb ist. Die Priorität sollte also nicht darin liegen, den Weg des geringsten Widerstandes zu gehen, sondern darin, sich optimal dafür einzusetzen, dass sich Ihr Hund an Ihnen orientiert.

Noch deutlicher wird dies mit folgendem Beispiel: Ihr Nachbar möchte Ihren Hund unbedingt streicheln, obwohl Sie gerade mit ihm bei Fuß auf der gegenüberliegenden Straßenseite laufen. In solch einer Situation vom Hund einzufordern, nicht auf den Außenreiz einzugehen, bedeutet auch, dem Nachbarn eine Grenze aufzusetzen. Bei den Grenzsetzungen geht es dabei nicht nur um die Einsicht, dass Grenzen wichtig und hilfreich sind. Es geht vielmehr darum, selbst auch in der Lage zu sein, bestimmte Grenzen einzufordern – egal, wie die Außenwelt darüber denkt. Und genau das ist die größte Hürde für viele Hundehalter, da das Bedürfnis nach Zugehörigkeit für uns Menschen zu den wichtigsten Bedürfnissen zählt. Dabei schließt das eine das andere gar nicht aus – ganz im Gegenteil. Wenn wir kommunizieren, wofür wir uns gerade einsetzen und den anderen um Unterstützung bitten, stoßen wir das Gegenüber dabei nicht vor dem Kopf: „Mir ist wichtig, dass sich mein Hund an der Leine an mir orientiert. Kannst du ihn bitte später streicheln, wenn es die Situation erlaubt, und nicht, wenn er gerade bei mir bei Fuß läuft?" Dabei macht auch der Ton die Musik.

Erst wenn wir lernen, klar, souverän und selbstbestimmt unser Leben zu meistern, wissen die anderen auch, woran sie bei uns sind. Und das gilt auch für den Hund. Dies trägt zudem zu einer für die Mensch-Hund-Beziehung ungemein wichtigen Gelassenheit des Halters bei. Wer ständig damit beschäftigt ist, anderen zu gefallen, der hat keine Zeit für sich selbst und kann dem Hund damit auch gar keine Orientierung geben, weil er sich selbst im Außen orientiert. Zum „Fels in der Brandung" zu werden, führt erst zu einer entspannten Mensch-Hund-Beziehung. Mehr zum Thema Grenzziehung lesen Sie ab Seite 27.

Linke Seite unten:
Bevor er Kontakt mit der Wurst hat, breche ich das Verhalten ab und lenke seine Aufmerksamkeit zu mir um. Die Futteraufnahme vom Boden verbiete ich prinzipiell, da ich verhindern möchte, dass mein Hund einen Giftköder aufnimmt.

# Beziehungsumgestaltung in Stufen

*Die Umgestaltung der Mensch-Hund-Beziehung hin zu einem entspannten Miteinander passiert weder auf Knopfdruck noch über Nacht. Vielmehr ist sie als Prozess zu verstehen.*

Wir Hundehalter machen oft den gleichen klassischen Fehler: Zunächst geben wir unserem Hund Freiheiten und wenn wir bemerken, dass er zu selbstständig agiert oder mit der Situation überfordert ist und die ersten Probleme auftauchen, fangen wir mit Hundetraining an. Jedoch versucht ein Hund, der beispielsweise an der Leine tobt, wenn er einen anderen Artgenossen erblickt, lediglich auf diese Weise, einen Konflikt für sich zu lösen. Um hingegen den Hund generell aus der Rolle „ich muss alles für mich selbst lösen" rausholen zu können, gilt es, erst einmal zu schauen, was der Halter für den Vierbeiner auch in anderen Bereichen regelt. Schließlich kann er sich nur an seinen Menschen orientieren, wenn dieser auch für den Hund wichtige Situation klärt und Aufgaben übernimmt. Im Falle der Leinenaggression besteht die Lösung des Konflikts beispielsweise u.a. darin, den Hund bei Begegnungen mit Artgenossen nicht vorne laufen zu lassen. Darum gehört zu einer Beziehungsumgestaltung, zuerst Regeln aufzustellen und im weiteren Verlauf immer wieder zu überprüfen, ob der Hund diese verinnerlicht hat, um ihm dann, wenn dies verlässlich geschehen ist, die Freiheit geben zu können.

Da Dunja sich optimal an ihrem Halter orientiert, kann sie ihre Freiheit genießen.

## *Stufe für Stufe zum entspannten Miteinander*

Die Beziehungsumgestaltung besteht aus mehreren Stufen. Ganz egal, ob bei Ihnen ein neuer Hund einzieht, oder ob Sie an Ihrer langjährigen Beziehung zu Ihrem Hund arbeiten möchten, Sie müssen Regeln und Grenzen einführen, um das Miteinander neu zu gestalten.

**Stufe 1, Enge Führung:** Im ersten Schritt beginnt die Beziehungsarbeit damit, den Hund eng zu führen. Enge Führung bedeutet, dass der Hund erst mal nur „an die Hand genommen" wird, damit er sich nicht selbstständig mit Außenreizen auseinandersetzt. Vergleichbar ist das mit einem Azubi zu Beginn seiner Ausbildung. Ideal ist es, den Azubi anfangs keine Aufgaben zu überlassen, sondern ihn erst einmal mit den Aufgaben vertraut zu machen und nur zuschauen zu lassen, wie die Aufgaben ausgeführt werden sollten. Zunächst begleitet er deshalb seinen Ausbilder nur und schaut ihm über die Schulter. So tapsen auch Welpen hinter der Mutterhündin her und orientieren sich ganz natürlich an ihr. In der ersten Zeit würden erwachsene Hunde einen Welpen in einer fremden Umgebung nicht nach vorne vorstürzen lassen, genauso, wie ein Ausbilder seinem Azubi nicht direkt zu Beginn seiner Ausbildung wichtige Aufgaben überlassen würde.

**Stufe 2, Kontrollstufe:** In der zweiten Stufe wird dem Hund kontrolliert mehr Freiheit gegeben. Dabei wird überprüft, ob er sich an die Regeln hält. So auch beim Azubi: Ihm werden zwar Aufgaben übergeben, aber der Ausbilder wirft noch ein Auge auf ihn. Erst wenn der Azubi unter Anleitung bestimmte Tätigkeiten so ausführt, dass er keinerlei Hilfe mehr vom Ausbilder braucht, ist er bestens für die dritte Stufe vorbereitet. Nun ist er den ihm zugetragenen Aufgaben gewachsen.

**Stufe 3, Vertrauensstufe:** Hat der Hund in der zweiten Stufe bewiesen, dass er sich an die Regeln hält, hat er sich dadurch mehr Freiheit erarbeitet. Für den Azubi heißt das, dass ihm im dritten Schritt Aufgaben überlassen werden können, in die er gut eingearbeitet wurde. Diese kann der Azubi selbstständig übernehmen, ohne dass eine Kontrolle durch den Ausbilder nötig ist. In der dritten Stufe herrscht somit Vertrauen vor.

Auch wenn das Stufen-Modell mit Sicherheit eher selten im Firmenalltag so umgesetzt wird, wie ich es beschrieben habe: Sehen Sie es einfach als ein wünschenswertes Modell an. Ich würde meine Mitarbeiter zumindest so anleiten wollen.

Ein Hund kann nur dann sicher Freiheit bekommen, wenn er trotz Außenreizen im Kontakt mit seinem Halter bleibt. Wollen wir entspannt mit unserem Hund zusammenleben, dann tun wir gut darin, Aufgabenbereiche, die der Hund nicht regeln soll, tatsächlich auch selbst zu übernehmen. Dem Hund Orientierung zu geben ist deshalb zwar mit Arbeit verbunden, jedoch ist das Ziel die Mühe wert! Sich aufeinander in der dritten Stufe verlassen zu können, macht ein entspanntes Zusammenleben erst möglich.

Wie Sie das Miteinander im Einzelnen umgestalten können, lesen Sie ab Seite 53 und 79.

## Meine Erfahrung

Meinen Hund Monty habe ich von klein auf begrenzt, wenn wir gemeinsam unterwegs waren (Stufe 1). Ich ließ ihn die erste Zeit nicht vor mir laufen, um zu verhindern, dass er irgendwann mal beispielsweise mit einem Jogger mitläuft oder zu einem anderen Hund hinrennt, denn ich wollte nicht, dass sich solch ein Verhalten bei ihm etabliert. Ab dem Zeitpunkt, als Monty neutral auf den Reiz Jogger und Co. reagierte und ich mir sicher war, dass ich ihn auch in ablenkungsstarken Situationen erreichen konnte und er den Kontakt zu mir gut hielt, weitete ich die Grenzen. Ich gab ihn in den Bereichen Freiheit, in denen ich davon ausgehen konnte, dass er nicht zum Außenreiz hinstürmen würde. Um nicht in die Situation zu kommen, dass Monty doch einmal eine andere Idee haben könnte als ich, wie mit den Außenreizen umgegangen wird, behielt ich ihn in dieser Phase gut im Auge und war jeder Zeit bereit, ihn auszubremsen (Stufe 2).

Als Monty bewiesen hatte, dass er verstanden hatte, dass Jogger und Radfahrer keine Beuteobjekte waren, denen man nachläuft, baute ich die Kontrolle immer mehr ab (Stufe 3). Er bekam somit die Freiheit, die für seinen Ausbildungsstand angemessen war.

# DIE PERSÖNLICHE WIRKSAMKEIT ERHÖHEN

# Unser innerer Status

*Wie es um unseren inneren Status bestellt ist und wie präsent wir gerade sind, hat einen entscheidenden Einfluss darauf, ob das, was wir kommunizieren möchten, auch wirklich genauso bei unserem Hund ankommt.*

Ihr Hund ist ein wahrer Meister darin, zu erkennen, wie es gerade um Ihren inneren Status bestellt ist. Er kann sich nicht an Ihnen orientieren, wenn Sie in Ihrer Kommunikation nicht authentisch sind und Ihre innere Haltung nicht mit dem im Einklang steht, was Sie nach außen hin kommunizieren (siehe dazu Kasten Seite 44 unten). Deshalb ist es wichtig, dass Sie zunächst Ihre eigene innere Haltung überprüfen und bei sich selbst schauen, wie gut Sie darin sind, Grenzen so zu setzen, dass sie von anderen auch geachtet werden können.

Verbunden durch ein mentales Band – so entspannt können Spaziergänge mit dem Hund sein, wenn er sich an seinem Menschen orientiert!

# Die innere Haltung gegenüber Regeln und Grenzen

Grenzen sind wichtig für ein entspanntes Zusammenleben. Jedoch stehen wir Hundehalter uns oft selbst im Weg, wenn es darum geht, dem Hund die Grenzen zu setzen, die er braucht.

## Hunde sind unterschiedlich – Menschen auch

Manche Menschen scheinen es leicht zu haben – sie führen ihren Hund mit Leichtigkeit und er folgt ihnen ohne Wenn und Aber. Und dann wiederum gibt es Hundehalter, die seit vielen Jahren alles Mögliche ausprobieren, um das Problemverhalten ihres Hundes in den Griff zu bekommen, aber die Probleme bleiben bestehen.

Natürlich sind Hunde sehr unterschiedlich – es gibt leichtführige, die sich von sich aus gut an ihrem Halter orientieren und diejenigen, die viel selbstständiger sind und von ihrem Menschen ein Mehr an Führung abverlangen. Doch genauso unterschiedlich wie die Hunde, so verschieden sind auch die Hundehalter: Die einen lassen bei ihren Vierbeinern rein gar nichts durchgehen. Meist sind das Menschen, die eher nüchtern durchs Leben gehen und Grenzen gegenüber eine positive Haltung haben. Dann wiederum gibt es Halter, die sich mit Grenzen schwertun und gerne mal ein Auge bei ihrem Hund zudrücken.

Zu welcher Tendenz neigen Sie? Gehören Sie auch eher zu den Menschen, die gerne fünfe gerade sein lassen? Wenn ja: Keine Sorge – Sie müssen jetzt nicht Ihre ganze Persönlichkeit ändern. Vielmehr geht es darum, dass Sie die eigene innere Haltung gegenüber Regeln und Grenzen einmal genauer betrachten, um dadurch Klarheit darüber zu erhalten, welche Befürchtungen Sie mit dem Thema Grenzen in Verbindung bringen.

Die meisten meiner Kunden haben die Befürchtung, ihr Hund könnte sie nicht mehr mögen, wenn sie ihm Grenzen aufzeigen. Doch die Praxis zeigt genau das Gegenteil: Hunde fühlen sich bei den Menschen wohl und sicher, die klare Grenzen ziehen.

## Ein klares Ziel vor Augen

Ein Hundehalter, der mich nachhaltig beeindruckt hat, weil er mit seinem Hund eine echte Einheit im Alltag bildete, hat auf meine Frage, wie er das erreicht hat, geantwortet: „Ich wusste einfach von Anfang an: mein Hund muss auf mich hören, damit ich ihm später Freiheit geben kann – und deshalb habe ich vom ersten Tag an den Focus darauf gerichtet."

Ich kenne nur sehr wenige Hundehalter, die bereits vom ersten Tag an im Zusammenleben mit ihrem Hund ein so klares Ziel vor Augen haben. Doch ein solches für die eigene Beziehung formulieren zu können, ist mitentscheidend dafür, welche Position wir innerhalb der Mensch-Hund-Beziehung einnehmen und wie bestimmt wir dem Hund gegenüber auftreten. Nehmen wir ihm gegenüber eine reine „Kumpelhaltung" ein und unterbinden aus dieser Haltung heraus unerwünschte Verhaltensweisen von ihm nicht, kommen wir aber unserer Verpflichtung nicht nach, die wir dem Hund gegenüber haben. Wir sind mehr als nur sein Kumpel – wir sind Verantwortungsträger und dementsprechend kommen wir nicht darum herum, dem Hund Grenzen aufzuzeigen.

Diese „Kumpelhaltung" steht oft mit einer Übertragung unseres menschlichen Bedürfnisses nach Selbstverwirklichung und Freiheit auf den Hund im Zusammenhang. In der Kindererziehung gilt es, eine Balance zwischen Regeln, Grenzen und Freiräumen zu halten – nicht jeder Mensch durfte in seinem Elternhaus solch eine Balance erfahren. Hat man selbst Grenzen oft als eine Art Einengung erlebt, ist es kein Wunder, wenn bei diesem Thema auch im späteren Leben dieser negative Beigeschmack bleibt. Hinzukommt, dass es für uns Menschen ein wichtiges Bedürfnis ist, uns selbst zu verwirklichen. Auch hier hinterlässt es natürlich Spuren, wenn jemand in seiner Kindheit einen ständigen Mangel des Bedürfnisses nach Selbstverwirklichung erlebt hat. Jedoch ist es nie zu spät, sich selbst Raum zu erlauben – sprich, den Mangel zu nähren. Eine wunderbare Möglichkeit, dies zu tun, finden Sie in der inneren Kindarbeit.

Hunde haben nicht das Ziel, eines Tages beispielsweise Arzt oder Grafiker zu werden, um sich damit einen Traum zu erfüllen. Hunde wollen sich nicht verwirklichen, sie wollen Teil einer funktionierenden Gruppe sein. Und diese unterschiedlichen Bedürfnisse von Mensch und Tier gilt es voneinander zu trennen. Gegebenenfalls steht in diesem Zusammenhang für den ein oder anderen Zweibeiner an, seinem ganz persönlichen Bedürfnis nach Selbstverwirklichung nachzugehen und es nicht auf den Hund zu übertragen.

## *Liebevoll und bestimmt Grenzen setzen*

Ein weiterer Grund, warum sich wohl viele Hundehalter damit schwertun, dem Hund Grenzen zu setzen, ist, dass es immer noch veraltete Vorstellungen davon gibt, wie dem Hund Grenzen vermittelt werden müssen – und meist sind diese nicht positiv besetzt. Dabei bedeutet Grenzen zu setzen nicht, mit dem Hund zu schimpfen, irgendetwas in seine Richtung zu werfen oder ihn sonst irgendwie zu erschrecken oder ihm Schmerzen zuzufügen. Grenzen zu setzen bedeutet viel eher

„da zu sein“ und sich für ein entspanntes Miteinander stark zu machen. Und die innere Haltung, dass jede aufgestellte Regel und jede Bewegungsbegrenzung eine Erklärung an den Hund ist, dass er uns wichtig ist. Mit genau dieser Energie kommen unsere Ansagen beim Hund an.

Betrachten Sie also Regeln und Grenzen nicht als ein Übel, sondern als eine wichtige Zutat für ein respektvolles und zufriedenes Miteinander.

Wie Sie Ihrem Hund Grenzen in seiner Sprache vermitteln, lesen Sie ab Seite 54.

## Meine Erfahrung

Ben und Kira lebten bereits einige Jahre bei mir, als Bryce als Welpe bei uns einzog. Zu diesem Zeitpunkt arbeitete ich noch als klassische Hundetrainerin, mein heutiges Coaching entwickelte sich, als Bryce 6 Monate alt war.

Kira übernahm es, die kleine Bryce zu maßregeln, wenn es nötig war – jedoch akzeptierte Bryce diese Maßregelungen nicht. Als die Situation zwischen den beiden immer mehr eskalierte, wurde mir klar, dass ich etwas Grundlegendes ändern und Kira aus dem Job entlassen musste.

Doch der Weg dorthin war für mich alles andere als leicht, denn mein Grundproblem war, dass ich bei der Beziehungsumgestaltung den Hunden viel mehr Grenzen setzen musste als bisher. Eine Grenzsetzung bedeutete damals für mich, dem Hund etwas zu verbieten, was er doch gerne haben wollte. Dabei waren es nicht die Regeln an sich, die diese Zeit so anstrengend für mich werden ließ, sondern vielmehr die Tatsache, dass ich damals meinte, gegen meine Hunde ankämpfen zu müssen. Sie zu begrenzen und bestimmte Verhaltensweisen nicht durchgehen zu lassen, bedeutete für mich, dass ich gleichzeitig auch gegen das Wesen sein müsste, das gerade ein bestimmtes Verhalten an den Tag legen wollte.

Zum Glück hat sich in den letzten Jahren, in denen ich meinen eigenen Weg gegangen bin, viel geändert. Bei mir fiel der Groschen in dem Moment, als ich zum ersten Mal wirksam Kiras Zurechtweisung der jungen Hündin Bryce gegenüber abbrechen konnte. Damals hatte ich zum ersten Mal die ältere Hündin, als sie die junge zurechtwies, nicht als „böse“ betrachtet, sondern ich konnte ihre absolute Überforderung wahrnehmen. Zum ersten Mal ging ich nicht mit der inneren Haltung „hör sofort auf, dich so daneben zu benehmen“ auf sie zu, sondern mit der Energie „lass mich das für dich klären“. Es war keine „ich bin gegen dich“-, sondern eine „ich bin für dich da“-Energie. Die anschließende Reaktion meiner Hündin Kira hat mich so tief beeindruck, weshalb ich diesen Moment wohl nie in meinem Leben vergessen werde: Sie schien heilfroh zu sein, dass ich endlich begriffen hatte, dass sie kein Fehlverhalten an den Tag legte, sondern lediglich verzweifelt versuchte, der jungen Hündin Grenzen aufzuzeigen. Kiras komplette Energie änderte sich schlagartig. Bisher wurde sie noch viel wütender, wenn ich mich einmischte und ich versuchte, sie von der jungen Hündin zu trennen. Doch diesmal ging sie von einer Sekunde auf die nächste in eine absolute Entspannung über und überlies mir den jungen Wildfang.

Diese Erfahrung hat meine innere Haltung gegenüber Grenzen und Regeln gänzlich verändert. Meine komplette Einstellung gegenüber Regeln ist eine andere: Heute haben Regeln für mich nichts mehr damit zu tun, gegen ein Verhalten zu sein, sondern viel mehr damit, sich für ein entspanntes Miteinander einzusetzen.

## *Respektvolle Distanz*

Viele Hundehalter haben Schwierigkeiten damit, zu unterbinden, dass der Hund ständig ihre Nähe sucht. Meist steckt dahinter die Sorge, dies könnte von ihrem Vierbeiner als eine Ausgrenzung verstanden werden.

Wie ist es bei Ihnen und Ihrem Hund? Läuft Ihnen Ihr Vierbeiner beispielsweise zu Hause ständig hinterher, sodass Sie sich nicht einmal ohne ihn im Schlepptau einen Kaffee aus der Küche holen können? Davon abgesehen, dass Sie das möglicherweise nervt, Ihr Hund bekommt so nicht die Ruhe, die er braucht, da er ständig aufstehen muss und hierdurch stets auf in „Habachtstellung“ ist, um ja nichts zu

Meine beiden Hündinnen Kira und Bryce strahlend zusammen – es hat sich für mich gelohnt, an unserer Beziehung zu arbeiten.

Rechte Seite:
Monty wartet entspannt.

**EXTRA: Video zum Thema Respektvolle Distanz**
https://youtu.be/B8YFh9O9goE

verpassen. Ein solches Verhalten ist nicht als „Liebesbeweis" oder Ähnliches des Hundes zu seinem Menschen zu verstehen – vielmehr besteht hier ein Missverhältnis zwischen Nähe und Distanz. Lösen Sie dieses auf, kann er sich entspannen. Sie grenzen ihn damit also nicht aus Ihrem Leben aus, vielmehr nähern Sie sich Ihrem Ziel einer entspannten Mensch-Hund-Beziehung.

So bringe ich beispielsweise meinen jungen Hund Monty auf eine Decke, um mit Bryce Frisbee zu spielen. Da ich von ihm erwarte, dass er dort liegen bleibt, setze ich ihm damit eine Grenze oder besser gesagt, begrenze ich ihn. Ich empfinde das ganz und gar nicht mehr als etwas Unangenehmes für den wartenden Hund, denn er wird mit einbezogen: Er darf dabei sein und zu seiner Zeit mit mir spielen. Akzeptiert der Hund die Begrenzung, fällt es ihm auch nicht schwer, wenn er mal nicht dran ist.

Somit geht es nicht darum, gänzlich etwas zu verbieten, sondern erst die Einführung von Regeln und das Setzen von Grenzen können, wie oben bereits erwähnt, zu einer respektvollen Nähe zwischen Mensch und Hund führen und tragen gar nicht zu einer größeren inneren Distanz bei. Ganz im Gegenteil: Gepaart mit der richtigen inneren Einstellung machen sie erst ein respektvolles Miteinander möglich.

Der Therapeut und Autor Wayne Muller schreibt dazu:
*„Ohne selbst gezogene Grenzen – uns selbst und anderen gegenüber – werden wir vielleicht nie imstande sein, das zu pflanzen, zu hegen und zu ernten, wonach wir uns sehnen."*

# Die zentrale Rolle der Präsenz

*Wohl der wichtigste Punkt, wenn es darum geht dem Hund Orientierung zu geben, ist die eigene Präsenz.*

Ihr Hund bekommt natürlich mit, ob Sie mit Ihrer Aufmerksamkeit wirklich bei sich sind oder Sie gedanklich abschweifen, bzw. Sie beispielsweise durch etwas im Außen beunruhigt sind. Sind Sie mit Ihren Gedanken gar nicht wirklich anwesend, kommunizieren Sie damit Ihrem Hund auch gleichzeitig „mach was du willst". Denn wir können vom Hund nicht erwarten, dass er mit seiner Aufmerksamkeit bei uns ist, wenn nicht einmal wir selbst es sind.

## Wohin lenken Sie Ihre Aufmerksamkeit?

Um die eigene Wirksamkeit auf den Hund erhöhen zu können, ist es wichtig, mit der eigenen Aufmerksamkeit bei sich zu bleiben. Und dazu gehört eine Portion Gelassenheit, die wir nur an den Tag legen können, wenn wir mit unseren Gedanken nicht hauptsächlich bei dem sind, was so alles schiefgehen könnte. Gibt es Schwierigkeiten mit dem Hund oder soll ein unerwünschtes Verhalten im Vorfeld vorgebeugt werden, fokussieren wir uns aber oft auf das Problem.

Bei der Beziehungsumgestaltung ist es jedoch wichtig, dass Sie nicht gleich mit dem größten Problem starten, welches Sie mit Ihrem Hund haben, sondern zunächst einmal damit, das alltägliche Miteinander umzugestalten. Erinnern Sie sich an das Stufenmodell (siehe Seite 20): Es geht in erster Linie darum, sich aufeinander verlassen zu können. Sie werden sehen, haben Sie sich erst einmal eine solide Basis mit Ihrem Vierbeiner erarbeitet (mehr dazu in Kapitel „Das Miteinander umgestalten"), wird sich Ihr Hund in den Situationen, die bisher Probleme bereitet haben, ganz anders verhalten.

### Meine Erfahrung

Meine wichtigste Lehreinheit bezüglich dem Unterschied zwischen „präsent" und „problemorientiert sein" hat mir Bryce gegeben, als Monty noch ein Welpe war. Ich hatte mit einer Freundin eine Verabredung in einem Café, kam aber viel zu früh an. Ich schaute mich zuerst ohne meine beiden Hunde im Café um, um einen Tisch mit genug Platz für sie zu finden und entdeckte dabei an einem Außentisch eine Frau mit einem

Ist der Mensch gelassen, kann sich der Hund entspannen.

Dackel, der andere vorbeigehende Hunde anbellte. Da Monty sich zu dem Zeitpunkt noch erschreckte, wenn plötzlich ein Hund anfing zu bellen, war der Dackel für mich ein willkommener Trainingspartner. Ich holte deshalb erst nur Monty aus dem Auto, um wirklich mit meiner Präsenz voll da sein zu können und ihm währenddessen zu zeigen, dass es halt auch bellende Hunde auf dem Planeten Erde gibt. Mein Ziel war es, einfach nur gelassen zu sein, wenn der Dackel loslegte und näherte mich ihm mit dieser inneren Klarheit. Doch zu meiner Überraschung bellte der Dackel nicht, als ich mit Monty auf ihn zuging. Total irritiert ging ich Schritt für Schritt weiter und bemerkte gar nicht, dass mich das ausbleibende Bellen des Hundes aus meiner Präsenz rausholte. Ich war mit meinem Gedanken beim Dackel und beobachtete ihn, weil ich mit einem ganz anderen Verhalten gerechnet hatte. Just in dem Moment, in dem Monty vor ihm war, legte er mit seinem Gebell los und Monty machte einen riesigen Satz zur Seite. Somit war mein Plan gänzlich nach hinten losgegangen.

Ich ging mit Monty zum Auto, holte Bryce heraus und gab mir eine zweite Chance, in der Hoffnung, dass sich die Anwesenheit von Bryce positiv auf Monty auswirken würde. Als ich diesmal mit beiden Hunden auf der Höhe des Dackels ankam und dieser erneut mit dem Bellen startete, baute sich Bryce ganz leicht auf und ging weiter, lies den bellenden Dackel bellender Dackel sein und zu meinem Erstaunen war Monty tiefenentspannt und trottete hinter Bryce her.

Nun könnte man meinen, dass Monty ja durch den ersten Durchgang bereits darauf vorbereitet war, dort einen bellenden Hund anzutreffen. Jedoch war für mich nicht das entscheidende, dass Monty beim zweiten Durchgang wesentlich entspannter war, sondern dass er sich ganz offensichtlich an Bryce orientierte und ihr seelenruhig hinterhertrabte. Offensichtlich schien Bryce in diesem Punkt etwas anders gemacht zu haben als ich. Da ich mit so einem gewaltigen Unterschied nicht gerechnet habe, reflektierte ich während der Wartezeit im Café die Situation und erst da wurde mir klar, dass ich mit meinem tollen Vorhaben entspannt zu bleiben, auch wenn der Dackel plötzlich anfangen würde zu bellen, Monty keinerlei Orientierung gegeben hatte. Das ist wie in dem berühmten Beispiel, das wohl jeder kennt: „Versuche nicht, an einem blauen Elefanten zu denken." Ich war mit meinen Gedanken so bei dem Dackel, als ich das erste Mal mit Monty an ihm vorbeiging, dass ich dadurch gar nicht wirklich präsent sein konnte. Bryce hingegen hatte keinen „ausgeklügelten Plan" und nahm sich nichts dergleichen vor. Sie war so, wie sie eben ist: ein Hund, mit einer hohen Ausstrahlung. Präsent zu sein beinhaltet, gedanklich mehr bei sich als beim Gegenüber zu sein.

## *Die eigene Aufmerksamkeit lenken*

Auch wenn uns so einiges aus der Präsenz bringen kann – wir können durch die Lenkung unserer Aufmerksamkeit wieder zu ihr zurückfinden, bzw. hierdurch in die Präsenz gehen.

Lenken Sie Ihre Aufmerksamkeit nach innen, sind Sie präsent. Ja, so einfach ist das. Probieren Sie es doch kurz mit der ersten Teil-Übung ohne Hund auf der nächsten Seite aus.

Wenn wir im Alltag präsent und nicht gedankenversunken sind, wirkt sich das auch auf unsere Körperhaltung aus: Wir nehmen automatisch eine aufrechtere Körperhaltung ein. Ebenso wirkt es sich umgekehrt auf unsere innere Haltung aus, wenn wir aufrecht mit erhobenem Haupt gehen. Die Körperhaltung wirkt also auch nach innen (siehe Teil-Übung 2, Seite 40).

Ob wir gerade im Außen orientiert oder präsent sind, hat immer eine Auswirkung auf den Hund. In meiner Arbeit mit Hundehaltern liegt mein Schwerpunkt zum Großteil darin, sie aus der Außenkonzentration herauszubekommen. Denn ist der Halter präsent, dann orientiert sich der Hund automatisch an ihm – wenn bereits eine gewisse Basis an Zusammenarbeit zwischen Mensch und Hund vorhanden ist. Mit der dritten Teil-Übung (siehe Seite 41) können Sie diese Erfahrung selbst machen.

Das klingt für Sie jetzt vielleicht so, als ob Sie immer in absoluter Präsenz sein müssten, wenn Ihr Hund in der Nähe ist. Keine Sorge – dem ist nicht so. Erfordert es aber die Situation, dass Ihr Hund eng geführt werden sollte, dann sollten Sie auch präsent sein (siehe dazu auch Seite 91).

Linke Seite:
Die Halterin ist mit ihrer Aufmerksamkeit komplett bei Holly. Und orientiert sich damit am Hund.

# Mental-Übung: Lenken Sie Ihre Aufmerksamkeit

Mit den folgenden kleinen Übungen – zunächst ohne, dann zusammen mit Ihrem Hund – erfahren Sie, dass es im Grunde ganz einfach ist, in die Präsenz zu gehen, bzw. welche Auswirkungen Ihre Präsenz auf den Hund hat.

**1. In die Präsenz gehen, ohne Hund:** Während Sie diesen Text gerade lesen, halten Sie einmal kurz inne und lenken Sie die Konzentration auf Ihre Füße. Spüren Sie dabei den Kontakt Ihrer Füße mit dem Boden – ohne sie dabei anzuschauen. Das war es auch schon. Sie haben gerade Ihre Aufmerksamkeit nach innen gelenkt und sind in die Präsenz gegangen.

**2. Die Körperhaltung wirkt auch nach innen:** Lassen Sie doch kurz Ihre Schultern und die Mundwinkel nach unten abfallen. Wie geht es Ihnen nun? Fühlen Sie sich traurig und hilflos? Genau – unsere Körperhaltung wirkt sich direkt auf unsere Stimmung aus! Sie haben eine ganz andere Ausstrahlung, wenn Sie den Blick nach vorne richten und Ihren

Die Aufmerksamkeit der Halterin ist beim Hund. Da sie auf diese Weise keinen Raum verwaltet, läuft Samy vor.

Körper aufrecht (die Schultern gerade) halten. Achten Sie also in Situationen, in denen Sie gefragt sind, Ihrem Hund Orientierung zu geben, auf Ihre Körperhaltung. Richten Sie Ihren Blick bewusst nach vorne und nehmen Sie Ihre Schultern zurück.

**3. In die Präsenz gehen, mit Hund:** Probieren Sie jetzt selbst aus, wie entscheidend sich Ihre Präsenz auf das Verhalten Ihres Hundes auswirkt.

Im ersten Schritt nehmen Sie Ihren Hund an die Leine und gehen aus dem Haus. Richten Sie genau in diesem Moment Ihre Aufmerksamkeit auf etwas, was Sie noch dringend erledigen müssen und schon lange vor sich herschieben.

EXTRA: Video zum Thema
In die Präsenz gehen/Tür-Übung I
https://youtu.be/SZYiSpAzSo4

Im zweiten Schritt gehen Sie wieder mit Ihrem Hund an der Leine aus dem Haus. Richten Sie dabei Ihre Aufmerksamkeit aber auf Ihre Schultern, ohne diese dabei anzuschauen. Ihr Blick ist nach vorne gerichtet und gleichzeig spüren Sie Ihre Füße auf dem Boden.

Haben Sie einen Unterschied bemerkt? Ihr Hund orientiert sich automatisch mehr an Ihnen, wenn Sie Ruhe und Souveränität ausstrahlen und dafür in die Präsenz gehen.

**Tipp:** Falls Ihr Hund (oder Sie) zu aufgeregt an der Haustüre ist, nehmen Sie doch einfach eine andere Tür, damit Sie sich besser auf die Übung konzentrieren können.

Samys Frauchen ist mit ihrer Aufmerksamkeit bei sich und damit präsent. So kann sich der Hund an ihr orientieren.

# Das Statuskonzept

*Sind Sie der Meinung, Sie könnten an Ihrer Ausstrahlung nichts ändern, da Sie so gar nicht der „Leittyp“ sind?*

Dann sind Sie damit nicht alleine: Mir haben dies schon viele Kunden im Erstgespräch erzählt und waren deshalb unsicher, ob sie es überhaupt lernen könnten, ihrem Hund mehr Orientierung zu geben. Dabei kann jeder etwas an seinem Statusverhalten verändern und dadurch auch die Wirkung auf andere, wenn ihm erst einmal bewusst ist, wie Statusspiele funktionieren.

Die Halterin ist abgelenkt und scheint irritiert – sie ist in einem Tiefstatus.

## Was ist ein „Status"?

Status ist nichts, was man hat oder nicht hat, sondern etwas, das man macht. Somit ist der persönliche Grundstatus nicht in Stein gemeißelt und es lohnt sich, sich mit dem Statuskonzept zu beschäftigen.

Das **Statuskonzept** geht auf Keith Johnstone zurück und kommt ursprünglich aus dem Improvisationstheater. Mit dem Prinzip der Wippe „ich geh' rauf und du gehst runter", beschreibt Keith Johnstone das Spiel zwischen Menschen, die den Hoch- oder Tiefstatus einnehmen. Das innere Bild, das wir von uns selbst haben, bzw. wie wir uns selbst in Relation zum Gegenüber sehen, ist maßgeblich dafür, welchen Status wir gegenüber jemand anderem dabei einnehmen. Wir verhalten uns zunächst einmal so, wie wir uns in Relation zum anderen einordnen – im Hoch- bzw. Tiefstatus. Dabei geht es bei

Nun ist Insas Frauchen gut bei sich und im Hochstatus.

### Selbstpositionierung in Relation

In Bezug auf jemand anderen können wir das Statusverhalten folgendermaßen definieren:
Im **Hochstatus** ist derjenige, der durch sein Verhalten seine Überlegenheit demonstriert. Er setzt seine Ziele durch.
Im **Tiefstatus** ist derjenige, der sich durch sein Verhalten dem anderen anpasst. Dann gibt der andere den Ton an. Dabei gehört der Tiefstatus bei den meisten Menschen zum Wohlfühlstatus, da im Tiefstatus eine „Kumpelhaltung" eingenommen wird. Der Tiefstatus sorgt für Nähe und ist deshalb nicht per se etwas Negatives.

diesen zunächst unbewussten Vorgängen um eine **Selbstpositionierung**.

Es wird grundsätzlich zwischen dem Hoch- und dem Tiefstatus unterschieden. Dabei ist der Status nichts Beständiges und wird stets neu ausgehandelt. Auch gibt es keinen generellen guten oder generellen schlechten Status, denn welcher gerade zielführender ist, ist immer abhängig von der jeweiligen Situation.

## *Auf Augenhöhe?*

Doch was tun, wenn man nicht zu dem Typ Hundehalter gehört, der seinen Hund dominieren, sondern viel lieber auf Augenhöhe mit ihm zusammenleben möchte? Einen **Gleichstatus**, so wie wir uns ihn insgeheim wünschen, gibt es nicht. Das, was dem Wunsch nach Augenhöhe entgegenkommt, ist die sogenannte Statuswippe und beinhaltet eine Statusflexibilität. Wenn wir ganz flexibel den jeweils angebrachten Status einnehmen können, so wie es für das Zusammenleben mit dem Hund in der jeweiligen Situation am besten ist, kommen wir dem Ziel des Zusammenlebens auf Augenhöhe nahe.

Ein entspanntes Zusammenleben mit dem Hund setzt gar nicht voraus, dass wir ihm 24 Stunden am Tag Orientierung geben. Gerade das entspannte Zusammenleben braucht ja auch Zuneigung und Nähe. Das wäre gar nicht möglich, wenn wir 24 Stunden im Hochstatus wären. Somit geht es lediglich darum, keinen starren Status einzunehmen, sondern sowohl den Tief- als auch den Hochstatus zu beherrschen und im Einnehmen des für die jeweilige Situation optimalen

### Innerer und äußerer Status

Mit dem **inneren Status** ist die innere Einstellung gemeint. Der **äußere Status** ist das, was wir nach außen hin vorgeben zu sein. So können wir uns zwar bemühen, dem Hund Raum zu nehmen, indem wir einen Schritt auf ihn zu gehen und damit versuchen, einen äußeren Hochstatus einzunehmen. Finden wir das aber an sich nicht gut, was wir gerade tun, dann wäre unser innerer Status in dem Moment ein innerer Tiefstatus. Und der innere Status ist das, worauf der Hund in erster Linie reagiert. Das ist der Grund, warum das, was wir tun, nicht so entscheidend ist, sondern wie (also mit welcher inneren Haltung) wir er es tun.

Status flexibel zu sein. Somit liegt das Ziel eines entspannten Miteinanders gar nicht darin, als Hundehalter immer im Hochstatus unterwegs zu sein, sondern, selbst am Steuer sitzen zu können und ganz flexibel den Status der Situation entsprechend einzunehmen. Dafür gilt es auch, unseren Wohlfühlstatus zu verlassen, wenn er für die jeweilige Situation nicht der optimale Status ist. Der Schlüssel liegt somit in der **Statusflexibilität**.

## *Ihr innerer Status entscheidet*

Unser Bild von der Welt wird durch unsere tiefen Überzeugungen geprägt, die wir vom Leben haben. Somit hängt unser innerer Status von unseren Werten und den Glaubenssätzen ab. Ein bestimmtes Statusverhalten spiegelt deshalb oftmals unsere **Glaubenssätze** bezüglich der Identität unserer eigenen Person wider. Erachten wir uns selbst für wichtig und respektwürdig, nehmen wir dadurch einen inneren Hochstatus ein. Umgekehrt gilt, dass wenn wir uns klein denken, damit auch einen inneren Tiefstatus einnehmen. Somit ist es hilfreich, den eigenen tiefen Überzeugungen einmal auf den Grund zu gehen und die eigenen begrenzenden Glaubenssätze zu transformieren. Denn erst, wenn wir nicht mehr im Tiefstatus feststecken, können wir auch das Ziel einer Statusflexibilität erreichen.

Eine Übung, die ich gerne mit meinen Kunden mache, um zunächst einmal diese eigenen tiefen Glaubenssätze zu entlarven und um diese dann im Folgeschritt zu transformieren, ist die auf der nächsten Seite vorgestellte „Zauberfee-Übung".

# Mental-Übung: Zauberfee-Übung

Gibt es etwas, das Sie an sich selbst vermissen, das aber andere Hundehalter haben, die ihren Hund scheinbar mit links führen? Wünschen Sie sich beispielsweise durchsetzungsstärker zu sein? Dann stellen Sie sich vor, dass gerade eine Zauberfee bei Ihnen war und Sie haben jetzt genau die Fähigkeit, die Ihnen vorher fehlte. Spüren Sie in sich hinein, wie es sich anfühlt, nun endlich der Mensch zu sein, so wie Sie es sich bisher gewünscht haben. Wie geht es Ihnen nun damit, durchsetzungsstark zu sein? Nehmen Sie sich einen Moment Zeit und beobachten Sie aufmerksam, was nun passiert.

Ganz oft taucht dann ein Widerstand auf. Das, was der Widerstand dann sagt, das ist die eigene tiefe Überzeugung, unser Glaubenssatz, der uns daran hindert, so zu sein, wie wir eigentlich sein wollen. Dabei hat dieser Glaubenssatz gute Gründe. In dem oben genannten Beispiel könnte der Widerstand sagen: „Wenn ich mich durchsetze, werde ich ausgegrenzt." Die gute Absicht, die ein solcher Glaubenssatz verfolgt, wäre dafür zu sorgen, dass wir uns bei anderen nicht unbeliebt machen, indem wir uns nur durchsetzen. Er möchte mit dem Anpassungsverhalten dafür sorgen, dass wir dazugehören.

Ist erst einmal auf dem Tisch, welche gute Absicht hinter einem Glaubenssatz steckt – dafür bedarf es je nach Glaubenssatz eines Coaches – und kann auch gesehen werden, welche Abstriche man mit dem daraus resultierenden Verhalten bisher gemacht hat, kann die Suche nach einer Strategie beginnen, die es möglich macht, für beide Bedürfnisse zu sorgen. Wenn wir bei dem oben genannten Beispiel bleiben, fallen Ihnen bestimmt Strategien ein, wie Sie sich für diese beiden Bedürfnisse „Zugehörigkeit" und „Wirksamkeit/Selbstbehauptung" gut einsetzen könnten und zwar so, dass beides zum Zuge kommen kann.

Somit ist die Zauberfee-Übung kein Trick, mit dem Sie sich einfach nur dauerhaft einreden „eine Fee war da, ich bin jetzt ganz anders". Selbst wenn Sie an Feen glauben, verschwinden dadurch nicht Ihre inneren tiefen Überzeugungen. Oft ist uns ja gar nicht bewusst, welche tiefen Überzeugungen unser Verhalten steuern. Die Feen-Übung ist vielmehr der erste Schritt bei der Transformation tiefer Überzeugungen, um diesen überhaupt einmal auf die Spur zu kommen. Zudem hilft die Übung bei der Bewusstwerdung dessen, wofür Sie sich eigentlich stark machen wollen. So können Sie im nächsten Schritt die bisherigen Strategien darauf hin überprüfen und sie gegebenenfalls ändern, wenn sie nicht wirklich dazu geführt haben, sich optimal für das Bedürfnis einzusetzen.

# Der Statuswechsel

*Entscheidend für eine flexible Führung des Hundes ist es, je nach Situation, in einen anderen Status gehen zu können. Doch genau an dieser Flexibilität fehlt es oft.*

In meiner Arbeit ist es immer wieder ganz spannend zu beobachten, was passiert, wenn der Halter den Hund zur Nähe einlädt und sie dann nach einer gewissen Zeit beendet. Wenn dies klar kommuniziert wird, findet ein Statuswechsel statt.

Die meisten meiner Kunden bleiben jedoch mental im Tiefstatus, auch wenn sie aufgehört haben, den Hund zu streicheln. Dann ist der Statuswechsel nicht gelungen und der Hund zeigt das durch sein Verhalten an: Er fordert weitere Streicheleinheiten ein. Gelingt der Statuswechsel hingegen und der Halter wendet seine Aufmerksamkeit nach dem Streicheln weg vom Hund, ist das ebenfalls am Verhalten erkennbar: Der Vierbeiner hält dann zu seinem Menschen einen höflichen Abstand. Somit zeigt das Verhalten des Hundes, nachdem der Halter die Zuwendungsgesten eingestellt hat, wo der Halter mit seinen Gedanken ist.

Diesen inneren Statuswechsel braucht es vor allem dann, wenn sich eine Situation ändert. Bin ich beispielsweise mit meinen Hunden draußen unterwegs, bleibe auch ich nicht die ganze Zeit während des Spaziergangs absolut präsent und im Hochstatus. Ist Freilauf angebracht, gehe ich in den Tiefstatus und gebe ihnen Freiheit, weil ich mich darauf verlassen kann, dass wir in Kontakt bleiben. Erfordert es die Situation urplötzlich, dass ich meine Hunde an die Leine nehme (z.B. uns begegnet im Wald eine Gruppe Reiter), wechsle ich in den Hochstatus: Ich begrenze meine Hunde, leine sie an und gehe entspannt weiter.

Mit der Übung auf Seite 50 können Sie selbst erste Erfahrungen mit dem Statuswechsel machen. Darüber hinaus empfehle ich Ihnen, im Alltag erst einmal in unbrenzligen Situationen zu üben, den Status zu wechseln, bis es für Sie etwas ganz Natürliches ist. Dabei entscheidend ist, dass Sie die Erfahrung machen „ich kann mich auf meinen Hund verlassen“. Gehen Sie also nicht einfach nur so mit Ihrem Hund spazieren und lassen ihn während des gesamten Spaziergangs machen, was er will. Üben Sie – ohne dass überhaupt der Außenreiz, der Schwierigkeiten bereitet, da ist – aus einer weiten Führung heraus eng zu führen. Um im obigen Beispiel zu bleiben, heißt das: Den Hund immer mal wieder während des Freilaufes begrenzen und kurz an der Leine Fuß gehen lassen – ohne Gefahr zu laufen, im Wald nervösen Pferden zu begegnen. Mehr dazu erfahren Sie ab Seite 95.

Der Halter lädt Dunja zur Nähe ein und ist mit seiner Aufmerksamkeit im „Wir“.

Möchten wir dem Hund jedoch Orientierung geben, sollte die Aufmerksamkeit nicht mehr beim Hund sein.

Praxis

# Mental-Übung: Bewusst den Status wechseln

Probieren Sie aus, was passiert, wenn Sie Ihren Hund streicheln, damit aufhören, aber mit der Aufmerksamkeit bei ihm bleiben. Wird er aufdringlich?

Indem Sie mit der Aufmerksamkeit bei ihm bleiben, kommunizieren Sie „ich will Kontakt". Die meisten Vierbeiner zeigen dann ein „aufdringliches Verhalten". Logisch: Schließlich reagieren sie nur 1:1 darauf, dass der Halter kommuniziert „lass uns kuscheln". Somit zeigt nicht der Hund ein distanzloses bzw. aufdringliches Verhalten, sondern dem Halter ist oft nicht klar, dass er gerade dadurch, dass er mit seiner Aufmerksamkeit bei seinem Hund und innerlich in einem Tiefstatus ist, eine Näheeinladung macht.

Und nun gehen Sie im zweiten Schritt dazu über, beim Beenden des Streichelns sich auch innerlich abzuwenden. Am besten stehen Sie dafür auf, gehen in die Küche und

holen sich ein Glas Wasser. Wenn es Ihnen dabei gelungen ist, mit Ihrer Aufmerksamkeit nicht mehr beim Hund zu sein, werden Sie das auch an seinem Verhalten merken.

Diese kleine Aufgabe, den Hund zu streicheln und dabei in eine „Wir-Haltung“ zu gehen und dann beim Beenden des Streichelns wieder mit der Aufmerksamkeit zu sich selbst zu gehen, ist eine ganz entscheidende Übung. Mit ihr können Sie lernen – auch im Alltag, wenn die Situation es erfordert – mit der Aufmerksamkeit dort zu sein, wo sie hingehört: Wenn Sie dem Hund Orientierung geben möchten, sollte Ihre Aufmerksamkeit in diesen Momenten auch bei Ihnen sein.

Darüber hinaus trainiert Sie diese kleine Übung auch darin, klarer mit Ihrem Hund zu kommunizieren.

EXTRA: Video zum Thema Statuswechsel
https://youtu.be/8to1fbxlC2g

Sie dürfen Ihren Hund entzückend finden. Ihr Vierbeiner kann sich aber nicht an Ihnen orientieren, wenn Sie dadurch dauerhaft in einem Tiefstatus feststecken. Durch eine Statusflexibilität ist beides möglich: Ganz entspannt mit dem Hund, aber auch gut bei sich selbst zu sein – wenn es die Situation erfordert.

# DIE WIRKSAMKEIT DER KOMMUNIKATION ERHÖHEN

# Wer orientiert sich an wem?

*Die eigene Körpersprache ist grundlegend dafür, dass sich der Hund an seinem Menschen orientieren kann. Gerade beim gemeinsamen Spaziergang zeigt es sich, wie es um das Miteinander bestellt ist.*

Was vermuten Sie, wie oft wird sich ein hündischer Entscheidungsträger nach den anderen Hunden der Gruppe umsehen, wenn sie gemeinsam unterwegs sind? Gar nicht! Man erkennt den Hund mit dem höchsten Status daran, dass er Ruhe ausstrahlt und seines Weges geht. Er hat Wichtigeres zu tun, als ständig seine „Schäfchen zu zählen". Es ist die Aufgabe der anderen, den Anschluss nicht zu verlieren.

## Orientierung auf dem gemeinsamen Spaziergang

Wenn Sie möchten, dass sich Ihr Hund während des gemeinsamen Spaziergangs an Ihnen orientiert, dann gilt es, dies auch körpersprachlich auszudrücken: Erhobenen Hauptes, den Blick nach vorne gerichtet und mit einem klaren Ziel vor Augen geht es los. Das wirkt klar, entschieden und selbstbewusst und gibt dem Hund deutlich zu verstehen

Nähe und Zuwendung sind wichtig – keine Frage. Aber alles zu seiner Zeit!

Mit dieser Ausstrahlung ihres Herrchens kann sich Dunja leicht an ihm orientieren.

„mir kannst du folgen“ (siehe dazu die kleine Übung zur Körperhaltung auf Seite 40, Punkt 2).

Doch vielen Hundehaltern fällt es schwer, nicht ständig nach dem Hund zu schauen. Gerade Halter von Welpen neigen dazu, sich immer wieder während des Spaziergangs nach dem Kleinen umzublicken, obwohl Welpen einen natürlichen Folgetrieb haben. Überschütten wir unseren Hund, egal wie alt er ist, während der gemeinsamen Fortbewegung mit Aufmerksamkeit, indem wir immer wieder nach ihm schauen und unsere Gehgeschwindigkeit womöglich noch verlangsamen, wenn er mal hier und mal dort schnüffelt, kommunizieren wir ihm damit: „Geh du nur. Ich trage schon dafür Sorge, dass ich den Anschluss zu dir nicht verliere.“ – wir orientieren uns damit an ihm.

Dabei ist es nicht verwerflich, seinem Welpen bzw. seinem Hund Aufmerksamkeit zu geben. Nähe ist wichtig für die Mensch-Hund-

Beziehung, jedoch ist es entscheidend, wann wir uns dem Hund zuwenden. Schenken wir ihm während des Spaziergangs zu viel Aufmerksamkeit, entbinden wir ihn damit von seiner Aufgabe, sich an uns zu orientieren. Das bedeutet aber nicht, dass Nähe draußen generell tabu sein sollte. Ist Ruhe eingekehrt, ist das der richtige Zeitpunkt dafür und da spielt es keine Rolle, ob man gemeinsam auf einer Wiese oder zu Hause entspannt zusammen ist.

### Meine Erfahrung

Während einer Trainingsstunde mit zwei leinenaggressiven Australian Shepherds begegnete ich einem Landwirt, der gerade seinen Schäferhund aus dem Auto holte und mit ihm gemeinsam auf seinen Hof zuging. Die beiden Hunde meiner Kundin stiegen beim Anblick des Schäferhundes bellend so in die Leinen, dass sie sie kaum noch halten konnte. Doch der Schäferhund würdigte dem Geschehen noch nicht einmal einen Blick, genauso wenig wie sein Halter, der ganz bei sich war und ganz offensichtlich Wichtigeres zu tun hatte, als sich ein Urteil über die beiden bellenden Hunde zu machen. Sein Körper blieb aufrecht und sein Blick war in Richtung Hof gerichtet, unabhängig davon, dass drei Meter von ihm entfernt die Hunde meiner Kundin außer Rand und Band waren. Dabei wirkte er auch nicht überheblich, sondern war viel eher besonders gelassen und präsent.

Mich beeindruckte es zutiefst, dass der Schäferhund, obwohl wir direkt vor seinem Hof waren, dem Treiben der Hunde meiner Kundin ebenfalls keine Aufmerksamkeit schenkte, sondern ganz bei seinem Halter war. Diese Begegnung machte mir besonders deutlich, wie wichtig es für die Orientierung des Hundes ist, dass der Halter Ruhe ausstrahlt und mit seiner Aufmerksamkeit gut bei sich bleiben kann.

## *Ich lauf schon mal vor!!*

Alle meine Kunden, die sich darüber beklagen, dass sich ihr Hund im Freilauf von ihnen zu weit weg entfernt, zeigen die gleiche Körpersprache: Sie beobachten ihren Hund dabei, wie er 20 oder 30 Meter vor ihnen rumrennt, regen sich über dieses Verhalten ihres Hundes auf, beobachten ihn währenddessen immer noch und gehen dabei weiter. Alleine der Punkt, dass sie ihren Hund beobachten und ihn bereits zu Beginn nach vorne hin nicht begrenzen, indem sie ihn (für eine gewisse Zeit) mehr bei sich laufen lassen, signalisiert ihm, dass sein Verhalten ihren Zuspruch findet und er tun kann, was er möchte – er wird ja nicht daran gehindert.

Der junge Monty ist gerade dabei, einen Sprint einzulegen und wird von mir unmittelbar ausgebremst. Denn an der Leine dulde ich ein Vorlaufen nicht.

Ausschlaggebend für den Radius, den der Hund im Freilauf zur Verfügung hat, bzw. an dessen Grenze er sich halten soll, sollte in erster Linie sein Ausbildungsstand sein. Zu dem Beispiel von oben: Ein Hund, der 20 oder 30 Meter vor seinem Halter läuft, hat eindeutig einen zu großen Radius. So ist es nahezu unmöglich, wenn es die Situation erfordert, ihn ganz entspannt in Sekundenschnelle neben sich zu bekommen. Das bedeutet aber nicht, dass Ihr Hund nun ständig hinter oder neben Ihnen laufen muss. Wählen Sie Ihren ganz persönlichen Radius für Ihren frei laufenden Vierbeiner so, dass Sie ihn, wenn es sein muss, auch schnell bei sich halten können. Merken Sie, dass Ihr Hund nicht in Ihrem Sinne mit der von Ihnen gegebenen Freiheit umgeht, nehmen Sie ihm diese wieder und gestalten Sie das Miteinander neu um (siehe Seite 79).

# Mental-Übung: Beim Spaziergang bei sich bleiben

Neigen Sie dazu, sich immer wieder nach Ihrem Hund umzudrehen? Testen Sie doch einmal beim nächsten Spaziergang (bitte an einem ungefährlichen Ort) aus, wie es sich auswirkt, wenn Sie nicht immerzu nach Ihrem Hund sehen, sondern mehr bei sich selbst sind.

Sie werden überrascht sein: Alleine Ihr Vorhaben, den Spaziergang bestimmt vorzugeben und nicht ständig nach dem Hund zu schauen, wird an Ihrem Status etwas ändern. Sie werden es dadurch bemerken, dass Ihr Hund sich von sich aus viel mehr an Ihnen orientiert.

Diese „Kleinigkeit", nicht ständig nach dem Hund zu schauen, hat eine sehr große Auswirkung auf das Verhalten Ihres Hundes: Er spürt, ob Sie mit Ihren Gedanken bei ihm sind. Davon macht er abhängig, wie sehr er „sein eigenes Ding macht".

**Tipp:** Sollten Sie sich unsicher sein, ob Ihr Hund zum Beispiel draußen etwas Essbares aufnimmt oder jagen geht, verhindern Sie dies mit Sicherheit auch nicht, indem Sie dauernd einen Blick auf ihn haben. In solch einem Fall ist es sinnvoller, dem Hund nicht zu viel Raum zu geben, ihn mehr neben sich laufen zu lassen und zudem das Miteinander umzugestalten (mehr dazu ab Seite 79).

Werden Sie beim gemeinsamen Spaziergang mit Ihrem Hund von ihm „abgeschrieben", weil er „Wichtiges zu erledigen hat", macht es Sinn, das Miteinander umzugestalten.

# Die Sache mit dem Raum

*Die Verwaltung der wichtigen Ressource Raum ist Dreh- und Angelpunkt der Beziehungsumgestaltung, denn Hunde regeln Beziehungen über Ressourcen.*

Ihr Hund kann sich nur dann an Ihnen orientieren, wenn Sie die Ressource Raum verwalten – das klang ja bereits im vorherigen Kapitel an. Jedoch übernehmen die wenigsten Hundehalter diese Aufgabe und oft ist dies die Ursache teilweise großer Schwierigkeiten innerhalb der Mensch-Hund-Beziehung. Von daher ist der wesentlichste Aspekt für die Beziehungsumgestaltung die Verwaltung des Raums und die Etablierung von Regeln dazu.

Doch zunächst ist es wichtig, den Zusammenhang zwischen der Verwaltung von Raum und der Einnahme einer Statusposition zu klären.

**EXTRA: Video zum Thema**
**Die Sache mit dem Raum**
https://youtu.be/vmQ9p5G2VAk

## Erst höfliche Distanz, dann Nähe

Wenn ich mit einem fremden Hund arbeite, fordere ich von ihm im ersten Schritt eine höfliche Distanz ein, indem ich nicht zulasse, dass er mich sofort berührt oder anspringt. Teilweise nutze ich auch eine Ressource, um ihm zu vermitteln, dass ich eine respektvolle Distanz einfordere: Ich lege etwas Essbares auf den Boden und verhindere, dass der Hund zu dieser Ressource hinläuft, indem ich ihn körpersprachlich begrenze.

Über diese Ressourcenarbeit führe ich ein „Gespräch" mit ihm über das Thema „wer orientiert sich an wem?". In meinen Seminaren bringt das Ergebnis des „Gesprächs" immer alle zum Staunen, wenn der Hund mir nach dieser Ressourcenarbeit von sich aus folgt. Dabei ist es kein Hexenwerk, sondern schlicht und ergreifend die Sprache des Hundes. Da ich als erstes dem Vierbeiner gegenüber Raum einnehme, bevor ich ihm diesen zugestehe – also den Raum von Anfang an verwalte –, gelingt es so schnell, den Status einzunehmen, der für die Orientierungsvorgabe notwendig ist: Ich gehe ihm gegenüber in den höheren Status.

Wenn es allerdings der eigene Hund ist, sieht das Ganze natürlich anders aus. Da die wenigsten Hundehalter von Anfang an eine höfliche Distanz von ihrem Vierbeiner einfordern, gilt es, die anfangs zu weit gesteckten Grenzen nun erst einmal enger zu gestalten. Und: Eine Beziehung umzugestalten erfordert etwas mehr Geduld, als wenn direkt von der ersten Sekunde an ein hoher Status eingenommen wird.

Auch wenn die Umgestaltung zu einem späteren Zeitpunkt mehr Arbeit bedeutet, sehe ich das recht entspannt: Wir sind nun mal keine Hunde und wir alle sind doch, wenn wir ehrlich sind, in den eigenen Hund vernarrt. Da blieb es nicht aus, dass man in der Vergangenheit auch mal Nähe gestattet hat, obwohl er sich gerade alles andere als höflich verhielt. Ist aber erst einmal ein Bewusstsein dafür da, dass eine höfliche Nähe ein wichtiger Baustein innerhalb der Beziehungsumgestaltung darstellt, können wir jedoch sofort mit der Umgestaltung der Beziehung loslegen.

## *Wer Distanz herstellen kann, führt*

Das Verhalten des Hundes ist immer abhängig von dem Verhalten seines Gegenübers.

Hierfür ein Beispiel: Ein Hund verbringt den Tag in einer Hundetagesstätte und verhält sich gegenüber den Mitarbeitern sehr respektvoll. Weder springt er sie an noch zieht er an der Leine, wenn sie ihn an die Leine nehmen, sobald er von seinem Halter abgeholt wird. Nimmt jedoch sein Mensch die Leine entgegen, zieht und zerrt er daran und springt immer wieder an ihm hoch. Damit verrät der Hund durch sein Verhalten, das er bei der Abholung an den Tag legt, nicht wer er ist, sondern vielmehr, wie viel Raum sein Halter innerhalb der Mensch-Hund-Beziehung verwaltet. Nicht mehr und auch nicht weniger. Das Gute daran: So wie der Hund sich in dem oben genannten Beispiel anders den Mitarbeitern der Hundetagesstätte gegenüber verhält, so wird er sich auch seinem Halter gegenüber verhalten, wenn dieser das aufdringliche Verhalten des Hundes nicht mehr duldet und er seinen inneren Status überarbeitet, den er gegenüber seinem Vierbeiner einnimmt.

Wichtig ist mir an der Stelle noch einmal zu betonen, dass nicht die Nähe an sich zu Schwierigkeiten innerhalb von Beziehungen führen kann, sondern eher die Tatsache, dass viele Hundehalter ein respektloses Unterschreiten ihrer Individualdistanz vom Hund als Liebesbeweis interpretieren. Verhält sich der Hund dem Halter gegenüber aufdringlich, dann hat der Halter sich den persönlichen Respekt des Hundes nicht zur Genüge erarbeitet. Ohne den persönlichen Respekt kann der Mensch aber seinem Vierbeiner in brenzligen Situationen keine Orientierung geben. Eine stabile Beziehung braucht eine Balance zwischen Respekt und Nähe. Bestimmt jedoch der Hund das Verhältnis von Nähe und Distanz, sorgt ein solches Verhalten für sehr viel Stress – sowohl beim Mensch als auch beim Tier. Ein Hund, der die Nähe-Dis-

Ruhe und Entspannung sind für Hunde sehr wichtig.

tanz bestimmt, kann gar nicht entspannt durchs Leben gehen, wenn er die Funktion des Kontrolleurs innehat. Übernehmen Sie also die Aufgabe der Raumverwaltung und achten Sie darauf, dass Sie übereifrige Kontrollversuche Ihres Hundes unterbinden – so kann er entspannen.

Noch klarer wird dies sicherlich mit folgendem Beispiel: Stellen Sie sich vor, Ihr Partner kommt nicht damit zurecht, wenn Sie mal kurz ohne ihn zur Toilette gehen. Ich denke, kaum ein Mensch würde daraus schließen, dass die Beziehung besonders stabil ist.

Raum zu verwalten bedeutet dabei keineswegs, emotional abgespalten vom anderen zu sein oder den anderen wegzustoßen. Es ist nichts anderes, als dem Gegenüber die Information zu geben, dass man die Aufgabe der Führung übernimmt und dieser entspannen kann.

## *Ohne höfliche Distanz keine Entspannung*

Zum oben beschriebenen Zusammenhang von Raumverwaltung, Distanz und Entspannung gehört auch die Inanspruchnahme von „Eigenzeiten" – die jede Beziehung braucht. Lebt ein Hund in einer Gruppe, kuschelt er nicht von morgens bis abends mit den anderen Mitgliedern, sondern entspannt auch einmal nur für sich. Doch insbesondere junge Hunde brauchen vom anderen auch mal ein „Nein", damit sie zur Ruhe kommen können. Bringt der Halter es aber kaum über das Herz, nicht ständig der Kuschel- oder Spielautomat des Vierbeiners zu sein, lernen solche Hunde oft nicht, zur Ruhe zu kommen und zeigen auch später eine gewisse Rastlosigkeit, weil sie als Welpe und Junghund ein „Dauerentertainment"-Programm hatten. Doch es ist nie zu spät, Entspannung zu „lernen". Dafür ist es nötig, dass ein Hund, der von sich aus zu wenig Ruhe bekommt, ein Platz zugewiesen erhält und dabei lernt, „Auszeiten" einzuhalten. Doch nicht nur Vierbeiner können zu wenig Ruhephasen haben: Wie viele Hundehalter kümmern sich von morgens bis abends um andere und gönnen sich selbst keinen Eigenraum? Mit dem Ergebnis, dass diese Menschen selbst nicht entspannen können. Sich Eigenzeiten zuzusprechen ist ein wichtiger Faktor, um mental stark zu sein – etwas, wovon nicht nur die Person selbst profitiert, sondern auch die Menschen um sie herum und auch der eigene Hund. Eine Portion gesunder Egoismus ist eine wichtige Zutat für ein entspanntes Zusammenleben und doch fällt es vielen Menschen schwer, sich genau dies zu gestatten.

## *Die Funktion des Ziehens und Treibens*

Eine Kollegin von mir baut in ihrer Hundeschule den Rückruf so auf, dass sie einen Punkt vor ihren Füßen fixiert und dann hocherfreut in die Hocke geht, weil sie vermeintlich etwas Hochinteressantes im Gras gefunden hat. Alle Hunde in ihrem Unterricht fallen auf ihren Trick rein und stürmen sogleich zu ihr. Dazu muss ich sagen, dass diese Kollegin ein wirklich hervorragendes schauspielerisches Talent hat. Sie freut sich so dermaßen über dieses „Etwas" im Gras, dass es nach außen hin tatsächlich so wirkt, als ob sie gerade etwas total Interessantes vor ihren Füßen entdeckt hat und albert dann auch an der Stelle mit dem herbeistürmenden Hund herum.

So lernen alle Hunde bei ihr, dass sie einfach nur ein unglaublich lustiger Mensch ist, bei dem es sich lohnt, Kontakt zu halten. Sie beherrscht die große Kunst des „Seins". Sie tut nicht nur so, als ob da etwas Tolles im Gras ist, sie findet tatsächlich immer irgendeinen Grashalm megaklasse und diese unglaubliche Freude steckt einfach an. Ihre ausgesendeten körpersprachlichen Signale sind Signale aus dem Bereich des **Ziehens**. Machen wir uns klein und nehmen wenig Körperspannung ein, dann ist das für den Hund eine Näheeinladung und signalisiert ihm **„Komm her"**. Wir nehmen wenig Raum ein und geben dadurch Raum frei. Auch ein Rückwärtsgehen wirkt auf den Hund ziehend, denn schließlich geben wir so ebenso Raum frei.

Erhöhen wir hingegen unsere Körperspannung, das passiert automatisch, wenn wir uns beispielsweise über ein Verhalten des Hundes aufregen, nehmen wir dadurch Raum ein – ein Signal aus dem Bereich des **Treibens**. Dies signalisiert dem Vierbeiner **„Bleib weg"**. Gehen wir mit einer solchen Körperspannung auf den Hund zu, treibt ihn das von uns weg. Auch ein ständiges Zurückblicken nach dem Hund kann von ihm so verstanden werden, dass er hinten bleiben soll und die Wirkung des Wegtreibens haben. Denn unser Blick, die Schulter und die Position unseres Brustbeins hat eine zentrale Funktion, wenn es um die körpersprachliche Kommunikation geht.

Oft widerspricht sich die Körpersprache des Halters mit seinen Verbalsignalen. Damit dem vorgebeugt werden kann, ist es hilfreich zu wissen, wie die eigene Körpersprache vom Hund gedeutet wird. Nur so

Die Halterin spricht Holly an, um im Anschluss die Schultern und den Blick nach vorne zu richten. So wird der Hund „mitgenommen“.

Drehen wir unser Brustbein in Richtung Hund und schauen ihn dabei an, kann das von ihm als raumfordernde Geste verstanden werden – mit dem Ergebnis, dass der Hund den Abstand wahrt.

ist es möglich, klar mit ihm zu kommunizieren. Ein klassischer Fehler wäre beispielsweise, den Vierbeiner beim Herrufen zu fixieren und sich womöglich noch nach vorne zu beugen – beides Signale, die von ihm als Drohung verstanden werden können.

# Meine Empfehlungen zu den körpersprachlichen Übungen

Bevor ich zur ersten körpersprachlichen Übung für den Alltag komme, die Sie gemeinsam mit Ihrem Hund umsetzen können, möchte ich Ihnen noch ganz grundsätzliche Empfehlungen geben, die für alle folgenden Übungen gelten – es sei denn, es steht jeweils etwas anderes dabei.

## *1. Kurze Trainingseinheiten*

Bitte denken Sie daran, in kurzen Trainingseinheiten (ich empfehle, die Übungen nur wenige Male pro Trainingseinheit zu machen) mit Ihrem Vierbeiner zu arbeiten und von Zeit zu Zeit dem Hund, als Gegenpol zu der Begrenzung, Nähe durch ein Spiel oder Kuscheln zu geben.

## *2. Üben Sie in Ruhe*

Nehmen Sie sich täglich ein wenig Zeit, um die Übungen in Ruhe mit Ihrem Hund zu machen. Ist es jedoch zeitlich an einem Tag knapp, ist es besser, die Übung ausfallen zu lassen als sie „zwischen Tür und Angel" noch reinzuschieben. Denn ganz entscheidend ist immer Ihre Ausstrahlung!

Auch müssen die Übungen nicht unbedingt gleich klappen. Geben Sie sich die Zeit, die Sie brauchen und denken Sie dran: „In der Ruhe liegt die Kraft."

## *3. Ihr innerer Status ist entscheidend*

Entscheidend für den Erfolg einer Übung ist Ihr innerer Status, den Sie währenddessen einnehmen: Ihre innere Klarheit und Überzeugung kommt beim Hund an. Deshalb machen Sie bitte nur die Übungen, hinter denen Sie auch innerlich stehen. Ihr Hund wird Ihnen Ihre inneren Konflikte bzw. Ihre innere Unentschlossenheit ansonsten klar zeigen und nicht so auf Sie reagieren, wie Sie es sich wünschen.

## 4. Ansprache des Hundes

Die Ansprache des Hundes (im Sinne einer Kontaktaufnahme), bevor vom ihm etwas gefordert wird, ist Bestandteil einer respektvollen Kommunikation. Dadurch erfährt er, dass die darauffolgende Information für ihn bestimmt ist. Die Ansprache Ihres Hundes kann verbal durch das Nennen seines Namens erfolgen oder körpersprachlich, indem Sie ihn anschauen und je nach Situation einen Schritt auf ihn zugehen.

## 5. Konsequenz

Es kann nur dann eine Entspannung im Zusammenleben eintreten, wenn der Hund die Regeln verstanden hat und sich auch an diese hält. Wenn Sie die Beziehung zu Ihrem Hund umgestalten möchten, sollten Sie das Einhalten von Regeln so konsequent wie möglich von ihm einfordern. Umso inkonsequenter Sie gerade in der ersten Stufe der Beziehungsumgestaltung sind, desto unwahrscheinlicher wird es, dass Ihr Hund verstehen wird, dass es sich beim dem, was Sie von ihm einfordern, um eine Regel handelt. Deshalb empfehle ich, nur Regeln aufzustellen, hinter denen Sie auch absolut stehen und dessen Einhaltung Sie auch ohne inneren Widerstand einfordern können.

Ein kurzes Blicksignal zum Hund als Ansprache, macht ihm klar, dass gleich etwas von ihm gefordert wird.

# Körpersprachliche Übung: „Bleib stehen“ und „Komm mit“

Starten wir mit der körpersprachlichen Begrenzung Ihres Hundes, durch die ihm signalisiert wird „Bleib stehen“ und der Einladung an ihn, Ihnen zu folgen.
Beachten Sie bitte, bevor Sie mit dem Üben beginnen, meine grundsätzlichen Empfehlungen auf den beiden vorherigen Seiten.

EXTRA: Video zum Thema „Bleib stehen“ und „Komm mit“
https://youtu.be/krQS-lYZ1ns

## „Bleib stehen“

**Ziel der Übung:** Im Alltag gibt es immer wieder Situationen, in denen eine Bewegungsbegrenzung Ihres Hundes sinnvoll ist, etwa wenn Sie auf einem Weg einen Radfahrer vorbeilassen möchten.

### So geht’s

Eine körpersprachliche Bewegungsbegrenzung erfolgt entweder, indem Sie auf den Hund zugehen und sich vor ihn stellen oder, wenn er gerade neben oder hinter Ihnen ist, indem Sie die Schulter zu ihm eindrehen. Entscheidend ist, damit der Hund dies als Bewegungsbegrenzung verstehen kann, dass Ihr Körper auch eine gewisse Spannung hat. Bleibt der Hund stehen, lenken Sie Ihren Blick auf einen Punkt etwas über seinen Kopf und nehmen Sie eine entspanntere Körperhaltung ein. Am besten, indem Sie tief ausatmen. Denn auf Anspannung erfolgt immer Entspannung.
**Tipp:** Sollte Ihr Hund unbeeindruckt weiterlaufen und nicht stehen bleiben, nehmen Sie ihn für die Übung an die Leine und üben am besten erst einmal zu Hause bzw.

Durch Schultereindrehen in Richtung des Hundes wird er angehalten.

Der Hund wird mit der Schulter mitgenommen: Nach der Ansprache geht der Blick weg von ihm nach vorne.

dort, wo es nicht zu viele Ablenkungsreize gibt. Umso selbstständiger Ihr Hund draußen unterwegs ist, desto wichtiger ist es, zunächst an der Basis zu arbeiten und daheim Regeln einzuführen. Sollte Ihr Hund also so gar nicht auf Ihre Körpersprache reagieren, geben Sie sich Zeit.

**Wichtig:** Ich beobachte immer wieder, dass Halter, ohne es zu wollen, ein „Bleib" selbst auflösen, weil sie beim Weggehen das Prinzip des Ziehens anwenden. Begrenzen wir den Hund an einer Stelle und gehen, ohne kurz inne zu halten, sofort ruckartig nach hinten, während wir gedanklich noch bei ihm sind, hat das auf ihn die Wirkung einer Näheeinladung. Das führt dazu, dass er nicht dortbleibt, wo er begrenzt wurde, sondern uns folgt. Für eine klare Kommunikation des „Bleib" ist es darum wichtig, sich nach der Begrenzung des Hundes innerlich von ihm zu lösen und die Aufmerksamkeit von ihm weg und zu sich selbst zu lenken. Dann erst gilt es, mit einer aufrechten Körperhaltung und Körperspannung ruhigen Schrittes, entschieden und selbstbewusst vom Hund wegzugehen.

## „Komm mit"

### So geht's

Kann der Spaziergang fortgesetzt werden, fordern Sie Ihren Hund mit einer einladenden Schulterbewegung auf, Ihnen zu folgen.

Die Schulter nehmen Sie dabei nach vorne mit, sodass das Brustbein nicht mehr in Richtung Ihres Hundes gerichtet ist, sondern nach vorne zeigt. Um den Hund nicht versehentlich körpersprachlich nach hinten zu drücken, blicken Sie am besten in die Richtung, in die Sie gehen möchten und schauen auch während der Fortbewegung nach vorne.

# Abbruchhandlungen

*Hunde brechen untereinander unerwünschte Verhaltensweisen direkt ab. Wollen wir, dass der Hund ein bestimmtes Verhalten einstellt, können wir ihm dies mittels Abbruchhandlung in seiner Sprache kommunizieren.*

Eine Möglichkeit, ein Verhalten des Hundes körpersprachlich abzubrechen, ist, dass Sie ihm, während er das unerwünschte Verhalten zeigt, den Raum nehmen, indem Sie ihn in der Bewegung begrenzen. Später können Sie den körpersprachlichen Abbruch mit einem verbalen Abbruchsignal verknüpfen. Hierdurch sind Sie in der Lage, auch auf Distanz dem Hund kommunizieren zu können, wenn Sie sein Verhalten nicht dulden.

## Körpersprachliche Abbruchhandlung

Nehmen wir an, dass sich ein Hund gerade an einer Stelle festgeschnüffelt hat, obwohl sein Mensch mit ihm an der Leine recht zügig zur Bushaltestelle gehen wollte. Das ist nicht gerade der ideale Zeitpunkt, ihn in aller Ruhe „Zeitung lesen" zu lassen – der Bus wartet schließlich nicht. Das sollte dem Vierbeiner auch ganz klar und unmittelbar kommuniziert werden – mit der körpersprachlichen Abbruchhandlung. Oder, wenn bereits ein Abbruchsignal verknüpft wurde, mit dem Abbruchsignal.

**EXTRA: Video zum Thema Abbruch an der Leine**
https://youtu.be/iONZceJZX54

Der optimale Zeitpunkt für eine körpersprachliche Abbruchhandlung wäre der Moment, in dem der Hund die ersten Anzeichen des unerwünschten Verhaltens zeigt: Je nach Hundetyp reicht hierfür ein leichtes Drehen mit der Schulter in seine Richtung aus bzw. kann es nötig sein, einen Schritt in Richtung des Hundes zu gehen. Dabei ist es wichtig, den sogenannten Druckpunkt des Hundes zu berücksichtigen.

### Den Druckpunkt beachten

Der Druckpunkt bezeichnet den Punkt, an dem der Hund wahrnimmt, dass jemand etwas von ihm einfordert. Deshalb ist es wichtig, beispielsweise während einer räumlichen Begrenzung, bei der Annähe-

Dunja fühlt sich sichtlich bedrängt, da der Druckpunkt direkt überschritten wird.

Hier achtet der Halter bei der Bewegungsbegrenzung den Druckpunkt und Dunja akzeptiert die Begrenzung.

rung an den Vierbeiner dessen Druckpunkt zu beachten und nicht einfach so nah an ihn heranzutreten, dass dieser dabei überschritten wird. Denn dann würden wir sehr rüpelhaft mit ihm kommunizieren.

Ist unser Ziel, ein respektvolles Miteinander herzustellen, gilt es beim Raumfordern schließlich auch für uns, respektvoll mit dem Hund umzugehen. Genau hier liegt der wichtige Unterschied zwischen einem Bedrängen und einem Begrenzen des Hundes: Wird der Druckpunkt direkt überschritten, wird er bedrängt und das ist nicht zielführend. Wir üben dann mehr Druck als nötig auf den Hund aus, und das könnte dazu führen, dass er „das Weite sucht", weil er in dem hohen Druck eine massive Raumforderung versteht. Viele Hunde machen auch komplett „dicht", wenn zu viel Druck ausgeübt wird – denn massiv Druck auszuüben zeugt eher von Inkompetenz.

Akzeptiert Ihr Hund eine Raumforderung nicht, dann liegt das in den meisten Fällen an dem inneren Status, den Sie bei der Raumforderung einnehmen. Zu einer Raumforderung gehört eine innere Entschiedenheit und eine hohe Innenkonzentration (Hochstatus), die Aufmerksamkeit sollte also nicht beim Hund sein. Sind Sie jedoch aufgebracht, unsicher oder hektisch, wird er die Bewegungsbegrenzung eher nicht akzeptieren.

Den Druckpunkt können Sie nur dann achten, wenn Sie nicht blindlinks auf den Vierbeiner zugehen, sondern währenddessen auf seine körpersprachlichen Signale achten. Wendet der Hund den Blick ab oder verlagert er sein Gewicht nach hinten, dann zeigt er damit ganz unmissverständlich, dass er die Raumforderung von Ihnen akzeptiert. Es gilt dann, dem Hund wieder Raum zu geben und damit den Druck rauszunehmen. Bleibt der Hund hingegen in seiner Körpersprache neutral, gilt als Anhaltspunkt, dass der Druckpunkt ungefähr eine Armlänge vor dem Hund liegt.

## *Der Abbruch: Liebevoll, aber bestimmt*

Wie Sie körpersprachlich Ihrem Hund kommunizieren, dass Sie ein bestimmtes Verhalten von ihm nicht dulden, also eine Abbruchhandlung vornehmen, zeige ich in den Übungen ab Seite 73.

Bei den Abbruchübungen bzw. grundsätzlich bei Abbruchhandlungen ist mir wichtig zu erwähnen, dass Ihre innere Haltung nicht gegen den Hund sein sollte. Denn das Ziel ist ja nicht, dass der Hund Ihre Nähe als unangenehm oder bedrohlich empfindet. Wie bereits erwähnt, ist es vielmehr das Ziel, zu erreichen, dass er gerne Kontakt zu Ihnen hält und nicht der Außenreiz seine komplette Aufmerksamkeit gewinnt. Hierüber entscheidet, wie bestimmt Ihre Grundhaltung ist: Bestimmt zu sein bedeutet dabei nicht, wütend oder grob im Umgang mit dem Hund zu werden. Ganz entscheidend dafür, ob Ihr Hund Sie als souveräne

Bezugsperson ansehen kann oder nicht, ist, ob Sie selbst eine innere Sicherheit oder eher eine Überforderung ausstrahlen.

## *Verbales Abbruchsignal einbauen*

Wenn Sie die körpersprachliche Abbruchhandlung bereits erfolgreich angewandt haben, ist es hilfreich, diese auch mit einem verbalen Signal für den Abbruch zu verknüpfen. Schließlich sind Sie nicht immer direkt in unmittelbarer Nähe des Hundes und können ein unerwünschtes Verhalten von ihm körpersprachlich abbrechen. Ich verknüpfe in meiner Arbeit die Abbruchhandlungen mit dem Verbalsignal „Lass es!". Welches Sie wählen, sei Ihnen überlassen.

## *Abbruch – in Alltagssituationen*

Bei den folgenden Übungen reicht es vollkommen aus, wenn diese nur für die erste Trainingseinheit im heimischen Garten und mit einer Hilfsperson ausgeführt werden. Suchen Sie im nächsten Schritt draußen im Alltag gezielt die Situationen auf, in denen Ihr Hund einen

Monty hat von mir die Erlaubnis bekommen, mit der älteren Hündin Kontakt aufzunehmen. Er ist ihr gegenüber respektvoll und achtet ihren Raum – so wie es sich gehört.

Außenreiz so spannend findet, dass er den Kontakt zu Ihnen nicht hält. Stürmt er etwa gerne zu anderen Hunden hin, ohne Ihre Entscheidung abzuwarten, ob Sie den Kontakt gutheißen oder nicht, empfehle ich beispielsweise vor einem Hundeverein mit ihm zu arbeiten. Während die Teilnehmer auf dem Vereinsgelände ihrem Sport nachgehen, sind Sie mit Ihrem Hund in so großer Entfernung von dem Vereinsgelände, dass Ihr Hund noch gerade so den Kontakt zu Ihnen halten kann. Begrenzen Sie dort Ihren Hund und lenken Sie dann seine Aufmerksamkeit nach innen, also zu Ihnen und einem gemeinsamen Spiel um.

## Meine Erfahrung

Als ich mit meinen Hunden an unserer Beziehung gearbeitet habe, habe ich es mir mit dem Regelaufbau von „zu dem Reiz rennst du nicht einfach so hin!“ mit Bryce sehr schwer gemacht. Ich bin mit ihr, damals war sie 6 Monate alt, zu einem Gelände gefahren, auf dem viele Hundehalter ihre meist auch jungen Hunde miteinander toben lassen. Nur bin ich dort nicht hingefahren, damit Bryce auf eigene Faust zu den anderen Hunden hinrennen konnte, sondern habe sie dort körpersprachlich begrenzt, um dann (anfangs bereits nach wenigen Sekunden) sofort mit ihr zu spielen. Das war eine ziemlich große Herausforderung, aber es hat sich schon nach sehr kurzer Zeit mehr als ausgezahlt. Ich habe mit Bryce bis heute nicht die Schwierigkeit, dass sie ohne Absprache mit mir zu anderen Hunden hinstürmt.

# Körpersprachliche Übung: Abbruch mit Ablenkungsreiz – die Basis

**Ziel der Übung:** Sie üben hier die Abbruchhandlung als solche. Mit ihr können Sie sich aber auch (mit dem gestellten Ablenkungsreiz) erarbeiten, dass Ihr Hund den Kontakt zu Ihnen hält – mit dem positiven „Nebeneffekt", dass er nicht zu jedem Außenreiz hindüst.
**Tipps:** Neben den allgemeinen Hinweisen zu den körpersprachlichen Übungen auf Seite 64, empfehle ich Ihnen Folgendes:

1. Arbeiten Sie mit einer **Hilfsperson**, die einen Ablenkungsreiz stellt. Ideal ist es, wenn diese Hilfsperson keine direkte Bezugsperson des Hundes ist. Denn wenn diese Ihren Vierbeiner lockt, ist es für Sie noch viel schwerer, den Hund zu begrenzen, als wenn eine weniger attraktive Hilfsperson den **Ablenkungsreiz** stellt. Wählen Sie für den ersten Schritt einen möglichst kleinen Schwierigkeitsgrad des Ablenkungsreizes. Also bitte geben Sie der Hilfsperson nicht gleich ein Schnitzel in die Hand, mit dem sie den Hund locken soll.
   Ich empfehle den Einsatz der Hilfsperson zudem grundsätzlich nur für eine Trainingseinheit in den jeweiligen Schwierigkeitsstufen. Dann: Raus in den Alltag!

2. **Bevor es** mit dem Körpersprachlichen Abbruch **losgeht**, ist es sinnvoll, die Punkte „Raum nehmen, Druckpunkt beachten, Raum geben" in Ruhe zu üben und so für diese Art der Kommunikation mit dem Hund ein Gespür zu bekommen.

3. Nehmen Sie bitte eine **gelassene Haltung** bei der Übung ein. Auch wenn Sie kurz einen Statuswechsel machen und in den Hochstatus gehen, während Sie bestimmt dem Hund den Raum nehmen, bleiben Sie dabei liebevoll und souverän. Denken Sie daran, immer mal wieder einen Statuswechsel zu machen und in die Übung ein wirklich entspanntes Spiel mit einzubauen. Bitte spielen Sie aber immer nur mit Ihrem Hund, wenn er nicht den Ablenkungsreiz fixiert, sondern mental bei Ihnen ist.

4. Trainieren Sie auf einem **weitläufigen und sicheren Gelände** mit ihm. Haben Sie nicht die Möglichkeit, an einem Ort zu üben, wo es ungefährlich ist, wenn Ihr Hund zu dem gestellten Reiz hinrennt, dann lassen Sie eine Schleppleine an seinem Geschirr. Aber bitte nutzen Sie die Leine nur für den Notfall und nicht, um ihn daran

zu hindern, zu dem Reiz zu rennen – die Leine sollte locker in der Hand gehalten werden.

## So geht's

Damit Sie bei der Übung den Raum erfolgreich nehmen können, ist es wichtig darauf zu achten, dass Sie frontal vor dem Hund stehen (dabei spielt es keine Rolle, ob er sitzt, liegt oder steht). Der Abstand zu ihm sollte etwa einen Meter betragen, so halten Sie den Schwierigkeitsgrad zusätzlich gering und Sie stehen im Kontrollbereich. Später kann der Abstand vergrößert werden. Die Hilfsperson befindet sich hinter Ihnen.

Anfangs reicht es aus, wenn die Hilfsperson zunächst nur leicht in die Hocke geht und versucht, Ihren Hund zu sich zu locken. Etwas schwieriger wird es schon, wenn sie so tut, als ob sie etwas (beispielsweise ein Leckerchen) für ihn in der Hand hält oder sie ihn zu sich ruft, um ihn streicheln zu können.

Da Sie im Kontrollbereich stehen, können Sie Ihren Hund räumlich begrenzen, sobald er sich in Richtung des Reizes bewegt – Sie kommunizieren Ihrem Hund, dass Sie ihm nicht erlauben, zu der Hilfsperson zu gehen.

**Wichtig:** Reagieren Sie auf die ersten Anzeichen Ihres Hundes und brechen Sie seinen Versuch, zu der Hilfsperson zu gelangen, direkt ab. Das beginnt oft mit einem Blick des Hundes in die Richtung, in die er gehen will. Sie sollten jedoch spätestens dann den Raum nehmen, sobald der Hund vorhat, sich fortzubewegen, also sobald der Hund aus dem Sitz oder Platz aufsteht bzw. falls er steht, dann sobald der Hund sein Gewicht nach vorne verlagert. Die Welt geht aber nicht davon unter, wenn Ihr Hund während der Übung zu dem Reiz hinrennt. Einfach gelassen bleiben und weiter üben.

Ist es Ihnen gelungen, den Hund davon abzuhalten, zu dem Ablenkungsreiz zu laufen und ist er mit seiner Aufmerksamkeit bei Ihnen geblieben – Glückwunsch! Das ist der ideale Zeitpunkt, um ihn zu sich einzuladen und erlaubte Nähe zu haben oder mit dem Hund zu spielen.

Ist der Hund hingegen an der Stelle geblieben, an der er auch vor der Ablenkung war und zeigte keinerlei Interesse, zur Hilfsperson zu gelangen, steigern Sie den Schwierigkeitsgrad so lange, bis Sie das Vorhaben des Hundes zum Ablenkungsreiz zu kommen, abbrechen konnten.

Gelingt es der Halterin zu verhindern, dass Insa zu dem Ablenkungsreiz läuft?

Die Halterin bricht das Hinlaufen von Insa erfolgreich ab, indem sie ihr den Raum nimmt.

Da Insa stehen geblieben ist, wird mit ihr gespielt. Das Frauchen ist definitiv toller als die Hilfsperson!

# Körpersprachliche Übung: Abbruch mit Ablenkungsreiz – fortgeschritten

**Ziel der Übung:** Ist es Ihnen gelungen, Ihren Hund – ohne ihn dabei zu berühren, sondern nur durch das Raum Nehmen – in seiner Bewegung zu stoppen (siehe Basis-Übung, Seite 73), können Sie den Schwierigkeitsgrad in der nächsten Trainingseinheit langsam steigern. Mit dieser Übung lernen Sie, Ihren Hund zu begrenzen, trotz eines sich bewegenden Ablenkungsreizes.
**Tipp:** Bitte denken Sie bei dieser Übung ebenfalls daran, neben den grundsätzlichen Empfehlungen auf Seite 64, mit Ihrem Hund an einem **ungefährlichen Ort** zu üben. Auch ist eine **Hilfsperson** für Stufe 2 und 3 ratsam. Wie in der Basis-Übung empfehle ich auch hier den Einsatz der Hilfsperson grundsätzlich nur für eine Trainingseinheit in den jeweiligen Schwierigkeitsstufen. Dann: Raus in den Alltag!

## So geht's

**Stufe 1:** Nun kommt ein Objekt der Begierde Ihres Hundes, beispielsweise ein Ball (oder ein anderes Spielzeug, das er interessant findet), als (sich bewegender) Ablenkungsreiz zum Einsatz. Sie stehen wieder frontal vor Ihrem Hund. Dabei spielt es keine Rolle, ob er sitzt, liegt oder steht, Abstand etwa ein Meter. Werfen Sie sich selbst erst den Ball nur sachte vor Ihre Füße. Wenn dies klappt, ohne dass sich Ihr Hund in Richtung des Reizes bewegt, können Sie den Ball auch nach hinten über Ihre Schulter werfen.

**Stufe 2:** Im nächsten Schritt können Sie den Schwierigkeitsgrad nochmals steigern und den Ball Ihrem Trainingspartner geben. Wie in Stufe 1 stehen Sie wieder vor Ihrem Hund, der Abstand zwischen ihnen beträgt etwa einen Meter. Ich empfehle hier, den Ball erst einmal so werfen zu lassen, dass die Wahrscheinlichkeit hoch ist – falls Ihr Hund doch in Richtung Reiz läuft – dass er in Ihre Laufbahn rennt. Erst wenn dies klappt, können Sie später den Ball auch in verschiedene Richtungen werfen lassen.

**Stufe 3:** In der nächsten Stufe können Sie den Abstand zum Hund dann stetig steigern. Zusätzlich schwieriger macht es die Übung, wenn die Hilfsperson nun auch noch durch animierende Bewegungen wie beispielsweise Hüpfen versucht, den Hund dazu zu verleiten, hinter dem Objekt herzurennen.

EXTRA: Video zum Thema Abbruchhandlungen
https://youtu.be/qDRwYSy5g14

Insas Frauchen erklärt ihr mittels der Bewegungsbegrenzung: „Aktuell ist es mein Ball!“

Auch wenn die Wurfscheibe fliegt, akzeptiert Insa die Begrenzung ...

... und wenn sich der Coach noch so ins Zeug legt.

# DAS MITEINANDER UMGESTALTEN

# Das A und O: Das Miteinander daheim

*Wenn Sie möchten, dass Ihr Hund sich an Ihnen orientiert, müssen Sie die Rolle des Strukturgebers einnehmen und auch Regeln aufstellen. Ideal ist es, wenn Sie damit im häuslichen Umfeld anfangen.*

In den beiden vorherigen Kapiteln habe ich Ihnen Tipps gegeben, wie Sie zum einem Ihre persönliche Wirksamkeit erhöhen und zum anderen mit Ihrem Hund wirksamer kommunizieren können. Im Folgenden geht es darum, mehr Struktur in das Zusammenleben zu bringen und mittels körpersprachlicher Kommunikation Ressourcen (auch Sie bzw. die Nähe zu Ihnen sind/ist eine Ressource) so zu verwalten und dabei Regeln aufzustellen, wie es für ein entspanntes Zusammenleben nötig ist. Ihr Hund soll mit Ihnen über die Ressourcen „ins Gespräch kommen" und sich nicht auf eigene Faust alles holen.

Auch wenn Sie draußen mehr Probleme mit Ihrem Hund haben sollten als zu Hause: Wenn der Hund es im häuslichen Umfeld nicht gewohnt ist, sich zurückzunehmen, wird er es auch bei Außenreizen nicht können. Und wenn Ihr Hund die häuslichen Regeln, die Sie auf-

Zwischendurch mal Quatsch machen dürfen – das tut der Beziehung gut!

stellen, nicht achtet, dann lässt sich davon ableiten, wie er sich draußen an Ihre Regeln halten wird.

## *Balance von Ruhe und Action*

Die Fehlinterpretation von Aufregung steht einem entspannten Miteinander oft im Weg: Viele Hundehalter meinen, dass ihr Hund gerade besonders glücklich sei, wenn er aufgeregt ist. Sie tun sich deshalb schwer, eine hohe Aufregung zu unterbinden – jedoch gehen diese Hunde oftmals sprichwörtlich über Tische und Bänke. Es raubt dem Vierbeiner nicht die Freude am Leben, wenn er höflich mit anderen umgeht, genauso wenig sind respektvolle Menschen automatisch unglückliche Menschen. Ganz im Gegenteil – erst ein achtsames Miteinander führt ja zu dem entspannten Miteinander, das wir uns alle wünschen.

Hunde, die in einer Gruppe leben, toben und rennen nicht den ganzen Tag miteinander rum. Junge Vierbeiner werden durchaus von einem hündischen Entscheidungsträger immer wieder ausgebremst, wenn sie zu arg über die Stränge schlagen. Denn für Hunde ist Ruhe besonders wichtig und genau diese Aufgabe haben auch wir als Hundehalter: dafür Sorge zu tragen, dass unser Hund zur Ruhe kommen kann. Bekommt er davon zu wenig, ist er gestresst – das wirkt sich auf andere Bereiche ebenfalls negativ aus. Natürlich braucht er auch

Souveräne Ressourcenverwaltung: Monty hätte zwar gerne den Ball, akzeptiert aber, dass Bryce ihn gerade hat.

Bewegung, aber alles zu seiner Zeit! Sie sollten bestimmen, wann Action angebracht ist und wann nicht.

Ebenso wie es bei der Beziehungsumgestaltung darum geht, Grenzen zu setzen, gilt es natürlich auch Bereiche zu schaffen, in denen der Hund seinen Interessen nachgehen kann. Deshalb bedeutet die Verwaltung von Ressourcen nicht, ihm alles zu verbieten, sondern die Entscheidung darüber zu treffen, wann ihm eine Ressource wie Nähe oder Spiel zur Verfügung steht. Und das aus einer Haltung der Fürsorge. Damit ein Miteinander funktionieren kann, braucht es jemanden, der die Aufgabe übernimmt zu entscheiden, wann eine Ressource freigegeben ist und wann nicht.

## *Hinter den Regeln stehen*

Bei der Einführung von Regeln ist entscheidend, mit welcher inneren Haltung Sie sich für deren Einhaltung stark machen. Dabei ist wichtig, dass Regeln dem jeweiligen Hundetyp angepasst und nur die Regeln aufgestellt werden sollten, die einem wichtig sind, bzw., die für ein entspanntes Zusammenleben wichtig sind.

Klappt es so gar nicht, dass Ihr Hund eine Regel einhält, dann gilt es zunächst einmal zu reflektieren, wie klar Sie in Ihrer Kommunikation waren. Wir Hundehalter geraten oft in einen Teufelskreis, wenn etwas nicht so funktioniert, wie wir es uns wünschen. Das bringt uns in dem Moment meist total aus der Ruhe und dies wiederum führt dazu, dass es dann erst recht nicht mit dem Hund klappt. Deshalb ist es ganz gut, bei Schwierigkeiten auch einmal inne zu halten.

### *Ihr Hund: Ihr Feedbackgeber*

Das Verhalten Ihres Hundes gibt Ihnen Rückschlüsse darauf, ob Sie in einer Situation, die Sie gerade regeln, überlegen und entspannt sind, oder nicht. Das Gestalten eines echten Miteinanders wird ein Wunschtraum bleiben, wenn wir das Feedback des Hundes nicht zum Anlass nehmen, unser Verhalten gegebenenfalls zu verändern. Denn es gilt auch „zuzuhören“, was der Hund uns über uns mitteilt. Dabei geht es nicht direkt um tiefe Themen, die wir noch nicht bearbeitet haben, sondern um den Stresslevel, den wir in dem Moment haben, während wir mit dem Hund ins „Gespräch“ kommen.

Klappt also mal etwas nicht so recht, dann halten Sie doch einmal inne und stellen sich die Frage, wie gestresst Sie in dem Moment waren, wo es nicht so recht funktioniert hat. Und dann im Folgeschritt: Verändern Sie das, was sie da tun! Stresst es Sie beispielsweise, mit zwei Hunden gleichzeitig Fuß zu laufen, dann trainieren Sie doch

Die zwei verstehen sich!

jeden Tag mit beiden Hunden einzeln und legen den Schwierigkeitsgrad mit jedem Hund einzeln immer höher. Und gehen Sie erst dann mit beiden Hunden gleichzeitig Fuß an der Leine, wenn Sie sich darauf verlassen können, dass sie es gut können.

Oft haben wir Bilder im Kopf, wie etwas ganz genau umgesetzt werden muss und sehen dabei die Bäume vor lauter Wald nicht. Wir kommen so gar nicht auf die Idee, dass etwas auch anders gestaltet werden kann. Deshalb lohnt es sich, immer wieder mal Bilanz zu ziehen! Oft sind wir jedoch einfach nur zu ungeduldig: Um in eine neue Rolle zu kommen, braucht es auch Geduld.

## Meine Erfahrung

Das erste, das meine Hündin Kira immer machte, wenn ich eine Hotelzimmertür öffnete war, dass sie direkt, ohne irgendeinen Umweg, auf das Bett sprang. Das schien schon fast eine Art Tradition bei ihr zu sein. Sie schaffte es immer innerhalb von Sekundenbruchteilen, das Bett ausfindig zu machen, während ich noch nicht einmal den Schlüssel aus der Hotelzimmertüre gezogen hatte.

Ich gebe zu: Vor der Beziehungsumgestaltung mit meinen Hunden durften sie bei mir fast alles – und natürlich auch aufs Bett springen. Danach klappte es daheim ohne Probleme, dass sie das Bett und die Couch als Tabuzone ansahen. Wann immer ich auf Reisen war, gab ich dann Kira die Alternativaufgabe zu sitzen, während ich die Hotelzimmertüre öffnete. Und sie sprang auch nicht mehr aufs Bett – zumindest, wenn ich anwesend war. Doch lange Zeit fand ich von ihr Haare auf dem Laken, wenn ich vom Frühstück zurück ins Zimmer kam und die Hunde nicht mitgenommen hatte. Doch eines Tages trat ich ein und feierte innerlich: Kira war nicht auf das Bett gesprungen und von da an blieb das auch so. Das war für mich ein Meilenstein und ein Zeichen dafür, dass Kira mich als Entscheidungsträger respektieren konnte, obwohl ich nicht im direkten Einwirkungsbereich von ihr war.

Eine Beziehungsumgestaltung braucht Zeit. Dabei braucht nicht der Hund die Zeit, um neue Regeln zu verstehen, sondern der Mensch muss erst einmal in eine neue Rolle hineinwachsen. Wenn Sie Ihrem Hund bisher wenig Grenzen gesetzt haben, werden Sie meist nicht über Nacht zum Entscheidungsträger. Deshalb sollten Sie da etwas Geduld mit sich haben!

## *Ressourcen zu Hause verwalten*

Zeigt der Hund ein einforderndes Verhalten, indem er beispielsweise ständig den Halter auffordert, ihn zu streicheln, macht dies deutlich, dass der Mensch diese Ressource, die der Hund einfordert, nicht ausreichend verwaltet. Das Verwalten von Ressourcen regelt jedoch das Zusammenleben mit dem Hund. In meiner Arbeit mit Hundehaltern liegt mein Hauptaugenmerk genau darin, diese nicht optimal verwalteten Ressourcen zu erkennen. Dabei ist es wichtig zu verstehen, dass der innere Status des Halters meist Hand in Hand mit der Verwaltung von Ressourcen einhergeht. Deshalb macht es keinen Sinn, wenn Sie in der Beziehungsumgestaltung nur das Verhalten des Hundes berücksichtigen, sondern in den Focus gehören auch Ihr innerer Status (siehe Seite 26) und die damit im Zusammenhang stehenden tiefen Überzeugungen (siehe Seite 45).

Durch unser Gespräch ist die Halterin abgelenkt. Deren Tiefstatus nutzt Insa, um zu versuchen, den Ball zu stibitzen.

## *Verlassen des Hauses ohne Hund*

Wie steht es um Ihre innere Haltung, wenn Sie das Haus verlassen, ohne ihren Hund mitnehmen zu wollen bzw. zu können? Machen Sie sich Sorgen, ob er zu Hause etwas zerstört, es Schwierigkeiten mit den Nachbarn geben wird, weil er bellt, oder tut es Ihnen einfach nur leid, dass er alleine bleiben muss?

Ihre innere Einstellung beim Verlassen des Hauses hat einen Einfluss auf Ihren Hund, aber natürlich auch auf Ihren eigenen Stresslevel. Gehen Sie aus der Tür und sprechen oder schauen Sie ihn dabei zusätzlich noch an oder tut er Ihnen auch nur leid, erschwert dieses Verhalten dem Hund, diese räumliche Trennung zu verstehen.

Kann Ihr Hund noch gar nicht alleine bleiben, empfehle ich, dieses mit der Ruheübung auf der Folgeseite aufzubauen. Schließlich geht es beim Alleinebleiben darum, dass der Hund akzeptieren muss, dass Nähe gerade nicht angesagt ist. Auch aus diesem Grund ist es so wichtig, dass grundsätzlich Sie entscheiden sollten, wann der Hund gestreichelt wird, und nicht umgekehrt. Für das Trainieren des Alleinebleibens mit einem Welpen können Sie mit der Ruheübung bereits im Alter von 8 Wochen beginnen – direkt ab dem Einzug bei Ihnen zu Hause. Auch ein Welpe kann auf einem ihm zugewiesenen Platz verweilen, wenn sein Mensch direkt vor ihm bleibt. Dabei geht es nicht darum, dass Sie den Kleinen gleich über einen langen Zeitraum begrenzen. Mit 5 Minuten zu beginnen, ist ein guter Anfang und eine hervorragende Vorbereitung auf das Alleinebleiben.

### *Nach Hause kommen*

Viele Hundehalter feiern auch eine Art Party, wenn Sie wieder nach Hause kommen und ihren Hund begrüßen. Sie auch? Kommen Sie nach Hause und Ihr Hund springt ganz aufgeregt an Ihnen hoch? Ihr Hund verknüpft dann das Öffnen der Türe mit dieser „Party" – das kann dazu führen, dass er, wenn er alleine zu Hause bleibt, nur die Türklinke anstarrt und auf die „Party" wartet. Das ist aber gar nicht der richtige Zeitpunkt für Nähe. Deshalb empfehle ich generell, dem Hund nur dann Zuneigung zu geben, wenn er entspannt ist und beim nach Hause kommen neutral zu bleiben – also nicht gleich auf den Hund loszustürmen, sobald man über die Schwelle tritt.

**EXTRA: Video zum Thema Nach Hause kommen**
https://youtu.be/3uBF0lA8j2I

# Körpersprachliche Übung: Ruheübung – die Basis

**Ziel der Übung:** Die Ruheübung nimmt eine ganz zentrale Bedeutung bei der Beziehungsumgestaltung ein. Denn wir können dem Hund nur eine Aufgabe abnehmen, wenn wir ihm auch Raum nehmen können. Damit Sie sich später darauf verlassen können, dass Ihr Vierbeiner eine räumliche Begrenzung nicht von sich aus aufhebt, ist es notwendig, dass Sie sein Verhalten abbrechen, wenn er trotz einer Bewegungsbegrenzung einer selbst ernannten Aufgabe nachgehen will. Wuffelt Ihr Hund, wenn Sie beispielsweise im Restaurant sind und jemand Fremdes hereinkommt, ist es wichtig, dass Sie ihm durch eine Abbruchhandlung kommunizieren, dass es nicht seine Aufgabe ist, diese Person zu melden. Kennt Ihr Hund das Signal „Lass es!“ bereits als Abbruch – wunderbar, dann nutzen Sie es.

Samy bei der Ruheübung, während ihr Frauchen im Kontrollbereich bleibt.

Wenn nicht, stehen Sie auf und gehen einen Schritt auf den Hund zu. Denn Raum nehmen bedeutet „ich kümmere mich um die Aufgabe“. Doch damit Sie auch in Ruhe im Restaurant essen können, gilt es, zunächst die folgende Ruheübung erst einmal zu Hause zu machen.

Die Ruheübung geht Hand in Hand mit der Basis-Übung des Abbruchs. Zumindest so lange, bis der Hund entspannt auf dem ihm zugewiesenen Platz bleibt, egal, was um ihn herum geschieht.
**Tipp:** Bitte berücksichtigen Sie die allgemeinen Empfehlungen auf Seite 64.

## So geht's

Weisen Sie Ihrem Hund einen Platz zu und bleiben Sie vor ihm stehen, ohne den Druckpunkt zu überschreiten. Dabei darf er diesen Platz nicht von sich aus verlassen. Tut er es doch, begrenzen Sie ihn körperlich wie auf Seite 68 beschrieben. Damit Sie das können, ist es wichtig, dass Sie noch im Kontrollbereich des Hundes sind, während er beispielsweise in seinem Körbchen bleiben soll. Somit sollten Sie mit der Ruheübung also nicht anfangen, wenn Sie etwa Besuch erwarten, sondern die Ruheübung erst mal außerhalb der „Echtsituation“ aufbauen. Und denken Sie daran, das Kommando aufzuheben, wenn Sie den Raum für den Hund wieder freigeben (da man „O.k.!“ sehr oft im Alltag sagt, empfehle ich, dafür eher ein anderes Wort zu nehmen, beispielsweise „Frei!“).
**Wichtig:** Die Zeitpanne der Bewegungsbegrenzung sollten Sie langsam steigern und dem Können des Hundes anpassen.

# Körpersprachliche Übung: Ruheübung – mit Distanz

**Ziel der Übung:** Wenn der Hund die Basis-Ruheübung gut macht, solange Sie im Kontrollbereich bleiben, können Sie den Schwierigkeitsgrad erhöhen, indem Sie langsam die Distanz vergrößern. Die Übung ist auch eine gute Vorbereitung darauf, Ihrem Hund beizubringen, entspannt zu bleiben, wenn Sie Besuch bekommen.
**Tipp:** Bitte denken Sie wieder an die allgemeinen Empfehlungen auf Seite 64. Darüber hinaus empfehle ich wie in der Basis-Übung, das Freigeben des Raumes mit einem Signal zu verbinden.

## So geht's

**Stufe 1:** Weisen Sie Ihrem Hund einen Platz zu. Gehen Sie ein paar Schritte rückwärts weg und direkt wieder zu ihm zurück – ohne ihn dabei anzuschauen. Optimal ist es, wenn Sie die Annäherung zum Hund nicht immer damit verbinden, dass die Übung sofort beendet ist. So würden Sie ihm beibringen, dass er immer aufstehen kann, wenn Sie an seinem Körbchen vorbeigehen.

**Stufe 2:** Klappt Stufe 1, können Sie den Schwierigkeitsgrad steigern, indem Sie selbst nun für Ablenkungsreize sorgen. Gehen Sie wieder ein paar Schritte zurück und bleiben dann stehen. Bewegen Sie sich jetzt zunächst erst leicht, aber behalten dabei Ihren Hund im Auge. Bleibt er liegen, können Sie auch hüpfen, einen Ball werfen, ...

**Stufe 3:** Bleibt Ihr Vierbeiner trotzt der Bewegungen liegen, steigern Sie die Ablenkungsreize: Schieben Sie Stühle zurecht, machen Sie Knistergeräusche mit einer Folie usw.
**Wichtig:** Achten Sie darauf, dass Sie trotz der Ablenkungsreize, die Sie machen, jederzeit zum Hund hingehen können müssen, falls er vorhat, sich ohne Ihre Erlaubnis dem Reiz zu nähern. Steht er doch auf, dann begrenzen Sie ihn genau da, wo Sie ihn erwischen. Auch wenn es in den meisten Hundeschulen gelehrt wird, dass der Hund zu dem Punkt, wo er abgelegt oder abgesetzt wurde, zurückgebracht werden sollte – für diese Übung wäre das eher hinderlich. Denn es geht darum, dem Hund Raum zu nehmen und ihn abzustoppen, wenn er sich in Richtung des Reizes hinbewegt. Gelingt es Ihnen, den Hund zum Stillstand zu bringen, ist alles gut. Dabei ist es unerheblich, ob er noch auf seinem ursprünglichen Platz liegt, oder eben nicht.

**Schritt 4:** Um den Schwierigkeitsgrad der Übung nochmals zu steigern, vergrößern Sie die Distanz

Die Ruheübung klappt bei Samy sehr gut – selbst mit ihrem Lieblingsspielzeug als Ablenkungsreiz bleibt sie ruhig liegen.

**EXTRA: Video zum Thema Ruheübung**
https://youtu.be/8XTiMDEgVDI

immer weiter, bis Sie auch aus dem Raum gehen können.

**„Ernstfall Besuch“:** Knurrt Ihr Hund Besucher an oder benimmt er sich ihnen gegenüber einfach nur sehr stürmisch, weisen Sie ihm einen Platz zu und achten darauf, dass er diesen nicht verlässt. Dann erst empfangen Sie den Besuch. Indem Sie Ihren Hund nicht zu dem Gast stürzen lassen, kommunizieren Sie ihm, dass Sie es nicht dulden, wenn er sich Besuchern gegenüber aggressiv oder aufdringlich verhält und dass Sie die Aufgabe übernehmen, zu entscheiden, wer Ihr Haus betritt und wer nicht. Wichtig ist mir in diesem Fall, Ihnen ans Herz zu legen, nicht im Alleingang zu trainieren, sondern einen erfahrenen Hundehaltercoach aufzusuchen.

## *Gemeinsames Verlassen des Hauses*

Sie sollten entscheiden, wann es passt, dass der Hund nach vorne hin Raum bekommt, und nicht der Hund. Bedenken Sie dabei, dass derjenige, der an der Spitze läuft, sich auch mit den von vorne auf ihn zukommenden Reizen auseinandersetzen muss. Neigt Ihr Vierbeiner dazu, nach vorne zu preschen, wenn sich ein Reiz nähert, oder an der Leine zu toben, ist er vorne nicht gut aufgehoben.

Ich empfehle generell beim gemeinsamen Verlassen des Hauses, den Hund nicht vorne laufen zu lassen. Unterbinden Sie direkt beim Losgehen ein forsches Verhalten des Hundes, kann auch der Spaziergang entspannt verlaufen.

Wie bereits erwähnt, ist es bei der Führung des Hundes besonders dann wichtig, präsent zu sein, wenn die Bewegung losgeht. Sind Sie während der ersten gemeinsamen Schritte absolut präsent und können dadurch ein eventuelles stürmisches Verhalten Ihres Hundes direkt abbrechen, sind Sie auch dann erst in Ihrer Kommunikation klar. Deshalb ist also schon das geregelte Verlassen des Hauses wichtig, wenn Sie möchten, dass Ihr Hund an der Leine nicht vor Ihnen läuft. Das ist sogar Voraussetzung dafür, dass das Laufen an der Leine klappt. Lassen Sie direkt bei den ersten Schritten durchgehen, dass Ihr Hund an Ihnen vorbeischießt und an der Leine vorläuft, wird es ein schwieriges Unterfangen werden, ihm zu vermittelt, dass Sie den Raum nach vorne verwalten.

Dabei ist es wichtig, dass Sie im Voraus planen. Kommunizieren Sie dem Hund also nicht erst, wenn Sie schon an der Tür angekommen sind, dass Sie zuerst hindurchgehen, sondern bereits, wenn Sie auf die Tür zulaufen. Ein klassischer Kommunikationsfehler dabei, den ich auf jedem Seminar bei meinen Kunden beobachte, ist: Mensch und Vierbeiner gehen gemeinsam zur Tür, der Halter öffnet sie, der Hund läuft hindurch und der Zweibeiner geht in dem Moment wieder rückwärts, weil er gar nicht wollte, dass der Hund als erstes hindurchgeht. Die Hunde der Seminarteilnehmer haben aber alles richtig gemacht: Die Kunden haben sie mit ihrer Körpersprache zuerst durch die Tür geschickt – oftmals sogar mit nach vorne verlagertem Brustbein, was den Hund noch zusätzlich beschleunigt.

Oft höre ich dann von meinen Kunden, dass es ihnen schwerfällt, immer so klar mit dem Hund zu kommunizieren und stets so präsent zu sein. Dabei geht es gar nicht darum, immer wenn der Hund in der Nähe ist, in einer absoluten Präsenz zu sein. Vielmehr ist es entscheidend, wo wir in dem Moment mit unseren Gedanken sind, wenn wir den Hund beispielsweise aus dem Auto holen oder mit ihm zur Haustür gehen, um den Spaziergang zu starten. Also gerade der Moment, in dem wir dem Hund Raum nehmen, erfordert von uns viel Präsenz. Hat

Der Hund reagiert auf unsere Kommunikation. Springt der Vierbeiner an uns hoch und wir wollen es nicht, kann er das Verhalten nur einstellen, wenn wir auch in den inneren Hochstatus gehen.

der Hund verstanden, was wir gerade von ihm einfordern, können wir auch etwas mit der Präsenz zurückschrauben.

Somit ist es gar nicht notwendig, den ganzen Tag über präsent zu sein, sondern lediglich nur dann, wenn die Situation es erfordert und der Hund eng geführt werden muss.

Hieraus resultiert ein weiterer, häufiger Fehler meiner Seminarteilnehmer: Sie sind, beispielsweise wenn Sie den Hund aus dem Auto holen, im Tiefstatus – bei ihm kommt an: „Ich habe gar kein Interesse daran, hier irgendetwas für dich zu regeln." Dann gehen Sie, wenn es nicht so klappt wie gewünscht, in einen sehr „forschen Status". Ich nenne das „pampig werden". Wenn sie erleben, dass ihr Hund sein eigenes Ding macht, werden sie ärgerlich. Doch dann kann ihnen der Hund erst recht nicht die Führung überlassen. So schaukelt sich das Ganze dann oft hoch. Aus diesem Grund möchte ich an dieser Stelle noch einmal betonen: Seien Sie bitte immer dann absolut präsent, wenn Sie die Bewegung vorgeben wollen – bevor Sie beispielsweise die Leine oder die Türklinke in die Hand nehmen oder die Kofferraumklappe öffnen.

# Körpersprachliche Übung: Laufen durch eine Tür

**Ziel der Übung:** Möchten Sie nicht, dass Ihr Hund Bewegung vorgibt, indem er zuerst durch die Tür/das Tor geht, dann müssen Sie ihm das auch vorher kommunizieren. Mit dieser Übung erfahren Sie, wie es geht. Sie ist zudem eine gute Vorbereitung für das Laufen an der Leine. Denn hier geht es darum, dass Sie dem Hund klar kommunizieren müssen, dass er eine Grenze wahren soll. Wenn Sie solch eine Grenze durch eine Tür visuell vor Augen haben, ist es viel leichter, vom Hund auch einzufordern, Sie vorgehen zu lassen. Deshalb empfehle ich Ihnen, mit dieser Übung anzufangen, bevor Sie sich an das große Thema „Laufen an der Leine" machen.

**Tipp:** Bitte denken Sie an die allgemeinen Empfehlungen auf Seite 64.

## So geht's

Wichtig ist, dass Sie bereits in jenem Moment, in dem Sie überhaupt in die Richtung der Tür gehen, Raum einnehmen, indem Sie in den Hochstatus gehen: Also mit nach vorne gerichtetem Blick und erhobenem Kopf gehen Sie auf die Tür zu. Sollte Ihr Hund nicht schon aufgrund Ihrer Körperhaltung und Ausstrahlung spürbar hinter Ihnen laufen, sollten Sie ihm spätestens 1,5 Meter, bevor Sie die Tür erreicht haben, kommunizieren,

Wenn wir nicht möchten, dass der Hund zuerst durch die Tür geht, sollte ihm dies rechtzeitig durch eine leichte Bewegungsbegrenzung, die „bleib zurück" bedeutet, kommuniziert werden: Die Schulter dreht sich in seine Richtung.

**EXTRA: Video zum Thema Tür-Übung II**
https://youtu.be/BMHgD6M5j2w

dass Sie zuerst hindurchgehen. Drehen Sie sich dafür mit der Schulter in Richtung des Hundes, sodass er kurz abstoppt, nehmen Sie dann Raum, indem Sie Ihre Körperspannung noch einmal etwas erhöhen, schreiten weiter und gehen so durch die Tür. Haben Sie, während sie das tun, ruhig ein klares Bild vor Augen, das widerspiegelt, dass Sie in Ihrem Vorhaben erfolgreich sind. Ich persönlich sage in solch einer Situation auch „Zurück!“ und habe das Bild vor Augen, wie ich vor dem Hund die Tür aufmache und er zurückbleibt.

# Laufen an der Leine

*Das Laufen an der Leine bei Fuß bereitet vielen Mensch-Hund-Gespannen Schwierigkeiten. Doch gerade das entspannte Gehen neben dem Halter ist für ein entspanntes Miteinander wesentlich.*

Da Hunde eine meist schnellere Gehgeschwindigkeit als wir Menschen haben, erfordert das Laufen bei Fuß vom Hund, sich zurückzunehmen und gehört oftmals zu den großen Herausforderungen im Zusammenleben mit ihm.

Vom Hund zu verlangen, neben einem zu laufen – und zwar freiwillig – bedeutet, ihm den Raum nach vorne zu nehmen. Akzeptiert dies der Hund, versucht er nicht ständig, sich nach vorne vorzuarbeiten. Somit geht es bei dem Laufen bei Fuß darum, dem Hund zu kommunizieren, dass er Ihre Schulter(-linie) achtet und die gedachte Linie neben Ihrer Schulter nicht überschreiten soll (siehe auch Seite 100).

Läuft der Hund vor Ihnen, ist es seine Aufgabe, sich mit dem entgegenkommenden Reiz auseinanderzusetzen. Jagd er beispielsweise generell Katzen, können Sie ihn so nicht davon abhalten, hinter der gerade entdeckten Katze herstürmen zu wollen. Nur wenn Ihr Vierbeiner neben oder hinter Ihnen geht, können Sie unerwünschte Verhaltensweisen abbrechen. Auch lösen sich dadurch viele Probleme von selbst, weil viele Hunde vorne schlichtweg überfordert und schon alleine dadurch entspannt sind, dass der Halter vorangeht. Voraussetzung dafür ist allerdings ein Laufen bei Fuß, aus Akzeptanz.

Unter einem entspannten bei Fuß Laufen verstehe ich aber nicht, dass die Leine einfach so kurz gehalten wird, dass der Hund durch einen ständigen Zug nach hinten daran gehindert wird, nach vorne zu laufen. Auch eine ständige Diskussion zwischen Mensch und Hund führt nicht zu der erwünschten Entspannung. Mit Diskussion meine ich ständige Ermahnungen des Halters, sei es verbal, durch Leinenimpulse oder durch ein ständiges Blocken des Hundes durch den menschlichen Körper. Kommt es bei Ihrem Hund nicht an, dass Sie ihm das Vorlaufen nicht erlauben und versucht er bei jeder Gelegenheit, sich an Ihnen vorbeizumogeln, gilt es zunächst einmal am Grundrespekt zu arbeiten und das Fußlaufen an der Leine anders anzugehen.

Ich wende nie irgendetwas an einem Hund an, dass ganz offensichtlich nicht zum gewünschten Ergebnis führt. Blocke ich ihn beispielsweise ein paar Mal, indem ich mich zu ihm eindrehe (ihm also so den Raum nehme), wenn er bei mir bei Fuß gehen soll und er mogelt sich dann dennoch an mir vorbei, scheint diese Art der Kommunikation nicht bei dem Hund anzukommen. Einige Hunde brauchen dann zum Beispiel ein energisches Eindrehen vor ihnen, anderen hilft eine leichte Berührung, damit sie verstehen, dass der Raum vor ihnen von mir verwaltet wird. Die Kommunikation muss zum Hund passen – das wird spätestens nach der dritten Wiederholung sichtbar. Oft beobachte ich aber Hundehalter, die über Wochen und sogar Monate immer wieder an der Leine mit dem Hund diskutieren, was nie zu einer Akzeptanz einer Raumforderung führt. Wie gesagt: Funktioniert die Raumforderung nicht, gilt es anders an die Sache ranzugehen und vor allem auch zu überprüfen, wie es in anderen Bereichen um den persönlichen Respekt bestellt ist.

## *Der persönliche Respekt*

Ihr Hund sollte bereits andere Regeln im Zusammenleben kennengelernt haben und sich auch an diese halten, bevor Sie sich mit ihm das Laufen an der Leine erarbeiten. Denn zollt er Ihnen gegenüber den persönlichen Respekt, ist es ein Leichtes, Grenzen zu setzen: Hinter jeder Grenze steckt die Verwaltung einer Ressource. Respektiert Ihr Hund eine Grenze nicht, steht ihm diese Ressource frei zur Verfügung, bzw. verwalten Sie diese Ressource für den Ausbildungsstand des Hundes zu locker.

Monty akzeptiert, dass ich das Spiel beendet habe. Er nimmt sich zurück: Eine wichtige Voraussetzung für das Laufen an der Leine.

Ich würde niemals mit einem Hund direkt das Laufen bei Fuß anfangen, der offensichtlich bisher wenig Grenzen aufgezeigt bekommen hat und überhaupt nicht leinenführig ist. Wenn ich das tun würde, müsste ich bereit sein, ihm gegenüber ein sehr grobes Verhalten an den Tag zu legen und das wäre alles andere als fair. Denn ein einmaliges Eindrehen der Schulter wird von einem Vierbeiner, der sozusagen alles darf, eher ignoriert, als dass er dadurch seine Geschwindigkeit drosselt, um meine Schulterlinie zu wahren. Die Schulter hat zwar eine zentrale Bedeutung in der hündischen Kommunikation, allerdings nur, wenn Respekt vorliegt. Hunde achten somit körpersprachliche „Stopp"-Signale nur von jemanden, dem sie auch den persönlichen Respekt zollen.

Den persönlichen Respekt erarbeite ich mit einer Futter- oder Spielzeug-Ressource (siehe nächstes Kapitel), da eine solche im ersten Schritt leichter zu verwalten ist, als gleich mit der Ressource „Raum" zu beginnen. Erst wenn der Hund meine Ressource achtet und nicht an sie rangeht, obwohl er die Möglichkeit dazu hätte, kann es mit der Fußarbeit losgehen.

Eine wichtige Basis für das Laufen bei Fuß ist, dass der Hund bereits die Ruheübung (siehe Seite 87) und die Übung „Abbruchhandlung mit Ablenkungsreiz" (siehe Seite 73) kennt. Viele Hundehalter machen den Fehler, dass sie versuchen, die Ressource Raum mit der Fußarbeit zu verwalten, ohne dass im Vorfeld mit dem Hund beide Übungen gemacht wurden. Dann kann das Laufen bei Fuß zu einem schwierigen Unterfangen werden.

Es ist sinnvoll, bei der Beziehungsumgestaltung erst an der Basis zu arbeiten und dann erst im Folgeschritt vom Hund einzufordern, an der Leine neben einem zu laufen.

## *Ressourcenverwaltung im Spiel*

Die Erarbeitung des persönlichen Respekts mit einer Futter- oder Spielzeugressource ist, wie bereits oben erwähnt, eine gute Basisarbeit für das Laufen an der Leine. Das heißt, dass Ihr Hund die Ressource Spielzeug achtet und beispielsweise nicht ohne Abstimmung mit Ihnen in dieses hineinbeißt. Um dies zu erarbeiten, gehen Sie wie folgt vor: Halten Sie ein Spielzeug in der Hand, während Sie neben Ihrem Hund stehen. Wichtig ist, dass er nicht direkt beim Anblick des Spielzeugs hineinbeißt, sondern erst, wenn Sie die Ressource freigeben. Nimmt der Hund sich zurück, obwohl Sie das Spielzeug für ihn sichtbar in der Hand halten, geben Sie die

**EXTRA: Video zum Thema Ressourcenverwaltung**
https://youtu.be/ZXtL7mxHgI4

Zusammen spielen ist wichtig. Ohne gemeinsame Interaktionen kann es kein „Wir“ geben.

Ressource frei und spielen Sie mit ihm. Dabei ist ebenfalls wichtig, dass Ihr Hund das Spielzeug auch „innerlich nicht fordert“ – er sollte wirklich entspannt sein und nicht einem „Dampfkessel“ ähneln, wenn Sie dem Hund das Spielzeug geben. Denn entscheidend sollte sein, dass die gemeinsame Aktion nicht beginnt, weil der Hund Druck macht, sondern, weil Sie das entscheiden.

Als nächstes steigern Sie den Schwierigkeitsgrad und gehen mit dem Spielzeug in der Hand gemeinsam los. Verhindern Sie aber, dass der Hund in das Spielzeug beißt. Sollte der Hund doch versuchen, sich das Spielzeug zu schnappen, reißen es die meisten meiner Kunden hoch bzw. versuchen, es hinter dem Rücken zu verstecken. Das ist aber nicht Sinn und Zweck der Übung, denn vom Hund sollte eingefordert werden, dass er sich trotz des Anblicks des Spielzeugs zurücknimmt. Solch ein forderndes Verhalten des Hundes sollte vielmehr direkt im Ansatz abgebrochen werden: Wie bereits erwähnt mittels Abbruchsignal „Lass es!“.

Gelingt es Ihrem Hund, neben Ihnen zu laufen, sich dabei zurückzunehmen und nicht in das Spielzeug zu beißen, haben Sie sich bereits die ersten Schritte hin zum Fuß laufen automatisch erarbeitet. Der Hund geht jedoch jetzt noch an Ihrer Seite, weil er mental den Kontakt zu dem Spielzeug hält. Im nächsten Schritt sollte die Aufmerksamkeit

Die Halterin beendet mit dem Abbruchsignal „Lass es!“ das Spiel mit Holly und geht selbst in den „Ruhemodus“ – denn unsere Energie überträgt sich auf den Hund. Würde sie weiterhin am Tau ziehen, ist es für den Hund schwierig zu verstehen, dass wir gerade das Spiel beenden. Öffnet sich der Fang des Hundes, ist das der geeignete Moment, um das Verhalten mit dem Signal „Lass es!“ zu verknüpfen.

Holly akzeptiert, dass Ihr Frauchen die Ressource Spielzeug verwaltet. Sie fordert das Spiel nicht weiter ein. Das ist ein wichtiger Schritt auf dem Weg, sich den „persönlichen Respekt“ zu erarbeiten.

zu Ihnen gelenkt werden. Spielen Sie deshalb immer dann mit dem Hund, wenn er wirklich mental bei Ihnen ist und nicht das Spielzeug fixiert. Damit der Hund aber später, wenn er bei Fuß laufen soll, nicht die ganze Zeit auf seine Spielbelohnung wartet, ist es wichtig, die Ressource Spielzeug mit einem Signal freizugeben und nicht während des Laufens einfach so mit dem Hund zu spielen. Geben Sie die Spielbeute beispielsweise mit dem Signal „Spielen!“ frei – dann geht’s los.

Für das konkrete Üben des Laufens an der Leine, möchte ich Ihnen die folgenden zwei Übungen ans Herz legen.

# Körpersprachliche Übung: Gespräch – wer folgt wem?

**Ziel der Übung:** Ihr Hund orientiert sich beim Laufen an der Leine an Ihnen. Sprich, er folgt Ihnen und nicht umgekehrt – er übertritt die imaginäre Schulterlinie nicht.
**Tipps:** Bitte berücksichtigen Sie die allgemeinen Empfehlungen auf Seite 64. Darüber hinaus spielt hier die **Wahl des Übungsortes** eine besondere Rolle: Beginnen Sie das (körpersprachlich kommunizierte) Laufen bei Fuß am besten auf einer weiten Wiese oder einem großen leeren Parkplatz und nicht auf einem Weg. Dort können Sie Ihrem Hund am einfachsten vermitteln, was Sie von ihm fordern, da hier die Wahrscheinlichkeit gering ist, dass man aufgrund der begrenzten Wegesbreite doch mal hinter dem Hund herläuft. Zudem neigt man dazu, mit der Aufmerksamkeit zu sehr beim Weg zu sein. Auf einer großen Wiese gibt es hingegen kein direktes örtliches Endziel, zu dem man gelangen will. Hier können Sie sich viel besser auf die eigene Ausstrahlung und das eigene Verhalten konzentrieren. Zudem muss sich Ihr Hund automatisch mehr an Ihnen orientieren, wenn es nicht klar ist, wo Sie langgehen werden.

EXTRA: Video zum Thema
An der Leine laufen
https://youtu.be/UFLsTU7MUXg

**Bis das Laufen bei Fuß sitzt**, läuft der Hund so, wie er bisher auch an der Leine gelaufen ist. Dafür bietet sich das duale System an: Haben Sie die Möglichkeit, mit dem Hund zu arbeiten, nehmen Sie die Leine ans Halsband. Haben Sie sie nicht, kommt die Leine ans Geschirr. Die beste Lösung ist das duale System für mich nicht. Ich empfehle eher, mit der Beziehungsumgestaltung erst dann anzufangen, wenn Sie auch die Zeit dazu haben. Beispielsweise in Ihrem Urlaub.

## So geht's

Bei dieser Übung ist wichtig, dass der Hund Ihre Schulterlinie achtet – das müssen Sie ausstrahlen. Die Linie können Sie sich als gedankliche rote Linie vorstellen, die ausgehend von Ihrer Schulter seitlich nach außen verläuft. Diese darf Ihr Hund nicht überschreiten. Achten Sie beim Loslaufen darauf, dass Sie mit der Übung erst dann anfangen, wenn der Hund hinter bzw. direkt neben Ihnen ist. Merken Sie dann, dass er nur ein wenig diese gedachte Line übertritt, gehen Sie, wenn Sie den Hund links führen, nach rechts weiter, sodass er dadurch wieder hinter Ihnen ist.
**Wichtig:** Kommen Sie nicht in die Situation, dass Sie hinter Ihrem Hund herlaufen. Passiert es doch, beginnen Sie besser die Übung

nochmals. Spüren Sie, dass Ihr Hund sich zurücknimmt und wirklich mit seiner Aufmerksamkeit gut bei Ihnen ist, spielen Sie von Zeit zu Zeit mit ihm und verlängern Sie nach und nach das Zeitfenster der Konzentration. Für den Anfang reichen ein paar Minuten.

Da Monty meine Schulterlinie überschritten hat und zeigt, dass er den mentalen Kontakt zu mir verloren hat, gehe ich seitlich weiter und nehme ihn mit.

Jetzt ist er wieder mental bei mir.

# Körpersprachliche Übung: Der Hund läuft hinter mir

**Ziel der Übung:** Eine weitere Möglichkeit, sich zu erarbeiten, dass der Hund Ihre Schulterlinie achtet (und darum geht es ja beim Fußlaufen), ist, sich die natürliche Begrenzung an einem schmalen Weg oder etwa neben einem Zaun zu Nutze zu machen. Wobei der Hund bei dieser Übung nicht neben Ihnen laufen soll, sondern hinter Ihnen. Es kann unter Umständen in ganz alltäglichen Situationen sehr hilfreich sein, wenn der Vierbeiner das „Hinter mir“ beherrscht: Beispielsweise ist es die beste Art und Weise, einen Hund an der Leine zu führen, der dazu neigt, Artgenossen dabei anzupöbeln oder umgekehrt, wenn Sie an solch einem Genossen mit Ihrem vorbeigehen müssen.

**Tipp:** Denken Sie bitte hier ebenfalls an die allgemeinen Empfehlungen auf Seite 64.

Bevor Dunja sich an ihrem Halter vorbeischummeln kann, dreht er sich leicht in sie ein, nimmt ihr den Raum und kommuniziert ihr damit „du läufst hinter mir“.

## So geht's

Starten Sie die Übung erst, wenn der Hund wirklich hinter Ihnen ist (und nicht vor Ihnen) – strahlen Sie das beim Losgehen aus. Befindet sich Ihr Hund bei Beginn neben Ihnen, gehen Sie einen Schritt vor, sodass Sie vorne sind. Gehen Sie los, sollte er auf der Seite laufen, auf der auch die Begrenzung ist. Sie haben es dadurch viel leichter, Raum zu nehmen und zu verhindern, dass er Ihre Schulterlinie überschreitet. Versucht er sich an Ihnen vorbeizumogeln, drehen Sie sich energisch in den Hund ein und gehen Sie direkt weiter, ohne eine Pause einzulegen.

# Schlusswort

Dieses Buch ist aus dem Wunsch heraus entstanden, Ihnen praktische Übungen mit auf den Weg zu geben, die sie bei der Umgestaltung Ihrer Mensch-Hund-Beziehung unterstützen. Da jede Mensch-Hund-Beziehung einzigartig ist, kann ich keine „Pauschallösungen" aufzeigen, aber im Hinblick auf deren Komplexität zumindest die wichtigsten Faktoren anreißen, die auf sie Einfluss haben. Ich habe die Übungen für das Buch ausgewählt, die sich bei der Arbeit mit meinen Kunden als wirksam herausgestellt haben.

Entscheidend für eine wirksame Umgestaltung Ihrer Beziehung ist nicht die Umsetzung einer Übung an sich, sondern in erster Linie „der Faktor Mensch" – also Ihr eigener innerer Status. Deshalb möchte ich Ihnen an dieser Stelle noch einmal den Hinweis ans Herz legen, dass nicht Ihr konkretes Tun entscheidend ist, sondern das Wie: Also Ihre eigene innere Haltung.

Ich hoffe, dass ich Ihnen hilfreiche Tipps und Anregungen für Ihre ganz individuelle Mensch-Hund-Beziehung geben konnte und wünsche Ihnen eine tolle Zeit mit Ihrem Vierbeiner. Denken Sie daran: Er ist Ihr ganz persönlicher Coach.

*Ihre Karin Actun*

Vergessen Sie bitte nicht, mit Ihrem vierbeinigen Coach beim Umsetzen der Übungen jede Menge Spaß zu haben!

# SERVICE

## Buchtipps

Actun, Karin: Dein Hund braucht dich! Durch souveräne Führung zum entspannten Hund. Verlag Eugen Ulmer, Stuttgart 2016

Jannes, Kim-Anne: Das innere Kind umarmen. Die Kraft der Gefühle nutzen und Verhaltensmuster ändern. Droemer Knaur, München 2013

Muller, Wayne: A life of being, having and doing enough. Harmony Books, New York 2011

## Bildnachweis

Alle Fotos im Innenteil und auf dem Umschlag stammen von Heike Schmidt-Röger, Herborn (www.schmidt-roeger-foto.de), bis auf folgendes: Jutta Stegers, Mönchengladbach: Seite 32.

## Über die Autorin

Karin Actun gibt seit 2002 Hundefrisbee-Seminare. Gemeinsam mit ihrem Rüden Ben wurde sie Weltmeisterin, 6-fache Deutsche und 6-fache Europameisterin. Aus ihren Erfahrungen, die sie mit ihren eigenen Hunden, aus ihrer Arbeit als Hundesporttrainerin und als Coach für Menschen gesammelt hat, entwickelte sie 2012 ihr Coaching für Hundehalter.

## Dank …

### … der Autorin

Ich danke allen, die an dem Gelingen dieses Buches beteiligt waren. Ganz besonders allen Modells und meiner Lektorin Gabi Franz.

### … der Fotografin

Ein dickes Dankeschön an alle vier- und zweibeinigen Fotomodelle, die allesamt super waren! Danke auch für die Gelegenheit, in dieser wunderschönen Location fotografieren zu dürfen.

## *Praktisches Training*

Wenn Sie an der Beziehung zu Ihrem Hund arbeiten möchten, können Sie auch ein Seminar bei der Autorin besuchen. Auf ihrer Webseite www.hunds-kompetent.de finden Sie Karin Actuns Seminar- und Workshopangebote. Darüber hinaus gibt es dort auch Videos und weitere Informationen zu ihrer Arbeit.

## Ergänzend zum Buch

## *DVD „Schritt für Schritt zum entspannten Miteinander“*

Ein Hund, der sich auf seinen Halter verlassen kann und bestimmte Situationen nicht selbst regeln muss, kann entspannt an der Seite seines Menschen durchs Leben gehen. Doch um dieses Ziel erreichen zu können, ist der Halter gefragt: Die beiden wichtigsten Faktoren – die persönliche Ausstrahlung und die körpersprachliche Kommunikation – entscheiden darüber, ob der Hund sich an seinem Menschen orientieren kann oder nicht.

Wie Sie es erreichen, dass Ihr Hund den Kontakt zu Ihnen hält und sich auch in ablenkungsstarken Situationen an Ihnen orientiert, erklärt Karin Actun in diesem Lehrfilm. Sie zeigt Ihnen anhand von theoretischen Grundlagen und konkreten Praxisbeispielen, wie Sie an Ihrer Wirkung und an der Kommunikation arbeiten und mittels akzeptierter Regeln ein entspanntes Miteinander aufbauen können.

Laufzeit: 146 Minuten
ISBN: 978-3-00-057415-3

# Hier können Sie weiterlesen:

**Dein Hund braucht dich!**

Durch souveräne Führung zum entspannten Hund.
Karin Actun. 2016. 128 Seiten, 83 Farbfotos, Klappenbroschur.
ISBN 978-3-8001-0399-7.

Karin Actun erklärt in ihrem Buch, warum Hunde eine respektvolle, souveräne Führung brauchen, wie wir sie ihnen geben können und wie das die Mensch-Hund-Beziehung verändern kann. Sie beschreibt, wie Hunde ihr Zusammenleben regeln und was das für uns bedeutet. Dabei geht es ihr nicht um Trainingstipps, sondern darum, zu zeigen, wie man an seiner eigenen Persönlichkeit arbeiten kann, um dem Hund das zu geben, was er braucht. Denn einen Hund wirksam zu führen, bedeutet auch, selbst souverän und mental stark zu sein und den eigenen Selbstwert anzunehmen. So kann unser Hund uns als kompetenten Teampartner respektieren und sich bei uns wohl und sicher fühlen.

## Was will mein Hund mir sagen?

**Körpersprache des Hundes.**

Ausdrucksverhalten erkennen und verstehen. Frauke Ohl. 3., aktualisierte Auflage 2013. 112 Seiten, 65 Farbfotos, 11 Zeichnungen, Klappenbroschur.

ISBN 978-3-8001-7968-8.

Hunde sprechen eine ganz klare Hundesprache – und zwar mit Hilfe von Körpersignalen, Gebärden, Mimik und Stimme. Lernen Sie, die Körpersprache Ihres Hundes richtig zu deuten. In diesem Buch erfahren Sie mit Hilfe detaillierter Zeichnungen, welches Hundeverhalten Ihr Hund zeigt: ist er freundlich-unterwürfig oder ängstlich, droht er oder will er nur spielen? Wenn Sie die Hundesprache richtig verstehen und deuten, können Sie so auch Verhaltensproblemen des Hundes vorbeugen. Dieser Ratgeber schafft die Grundlage für ein harmonisches Zusammenleben von Mensch und Hund- ohne Missverständnisse und Kommunikationsprobleme.

# *Impressum*

Die in diesem Buch enthaltenen Empfehlungen und Angaben sind von der Autorin mit größter Sorgfalt zusammengestellt und geprüft worden. Eine Garantie für die Richtigkeit der Angaben kann aber nicht gegeben werden. Autorin und Verlag übernehmen keinerlei Haftung für Schäden und Unfälle. Der Leser sollte bei der Anwendung der in diesem Buch enthaltenen Empfehlungen sein persönliches Urteilsvermögen einsetzen.

Hinweis: Der Verlag Eugen Ulmer ist nicht verantwortlich für die Inhalte der im Buch genannten Websites.

**Bibliografische Information der Deutschen Nationalbibliothek**
Die Deutsche Nationalbibliothek verzeichnet diese Publikation in der Deutschen Nationalbibliografie; detaillierte bibliografische Daten sind im Internet über http://dnb.d-nb.de abrufbar.


Wollgrasweg 41, 70599 Stuttgart (Hohenheim)
E-Mail: info@ulmer.de
Internet: www.ulmer.de
Lektorat: Gabi Franz, Kathrin Gutmann
Herstellung und DTP: Ursula Stammel, Barbara Feistenauer
Umschlagkonzeption: Ruska, Martín, Associates GmbH, Berlin
Umschlagentwurf: Verlag Eugen Ulmer
Reproduktionen: timeRay Visualisierungen, Jettingen
Druck und Bindung: Westermann Druck, Zwickau
Printed in Germany

**ISBN 978-3-8186-0347-2**